Ludwig Vanino

Der Formaldehyd

Seine Darstellung und Eigenschaften, seine Anwendung in der Technik

und Medizin

bremen
university
press

Ludwig Vanino

Der Formaldehyd

Seine Darstellung und Eigenschaften, seine Anwendung in der Technik und Medizin

ISBN/EAN: 9783955621896

Auflage: 1

Erscheinungsjahr: 2013

Erscheinungsort: Bremen, Deutschland

bremen
university
press

Der Formaldehyd.

Seine Darſtellung und Eigenſchaften, ſeine Anwendung
in der Technik und Medicin.

Bearbeitet von

Dr. L. Vanino

unter Mitwirkung von

Dr. E. Seitter.

Mit 10 Abbildungen.

Wien. Peſt. Leipzig.
A. Hartleben's Verlag.
1901.

Inhaltsverzeichniß.

Die Verwendung des Formaldehyds in der Technik.

Die Anwendung des Formaldehyds in der Medicin.

Anhang.

Abkürzungen der Titel der Zeitschriften.

Ann. = Liebig's Annalen der Chemie.
Ann. chim. an. appl. = Annales de Chimie analytique appliqué.
Ann. di Farm. = Annali di Farmocoterapia et Chimica.
Ann. Inst. Past. = Annales de l'Institut Pasteur.
Arch. d. Pharm. = Archiv der Pharmacie.
B. = Berichte der deutschen chemischen Gesellschaft.
Boll. Chim. = Bolletino chimico farmaceutico.
Brit. Journ. Ph. = British Journal Photographic.
Bull. Soc. chim. = Bulletin de la Société chimique.
C. C. = Chemisches Central Blatt. Paris.
C. r. = Comptes rendus des séances de l'academie des sciences.
C. f. Bact. = Centralblatt für Bakteriologie und Parasitenkunde.
Ch. News = The Chemical News, London.
Ch. Ztg. = Chemiker-Zeitung, Cöthen.
D. med. W. = Deutsche medicinische Wochenschrift.
Eder. Jhb. = Eder's Jahrbuch für Photographie.
Gazz. chim. = Gazetta chimica italiana.
H. R. = Hygienische Rundschau.
Jb. Ch. = Jahrbuch der Chemie.
J. pr. Ch. = Kolbe's Journal für praktische Chemie.
Journ. Am. Chem. = Journal of the American Chemical Society.
Journ. Pharm. Chim. = Journal de Pharmacie et de Chimie.
M. med. W. = Münchener medicinische Wochenschrift.
Ned. Tijdschr. Pharm. = Nederlandsch Tijdschrift voor Pharmacie,
    Chemie en Toxicologie.
Pharm. C. = Pharmaceutische Centralhalle.
Pharm. R. = Pharmaceutische Rundschau.

Pharm. Ztg. = Pharmaceutische Zeitung.

Phot. Arch. = Archiv für wissenschaftliche Photographie.

Phot. Rdsch. = Photographische Rundschau.

The an. = The analyst.

W. med. W. = Wiener medicinische Wochenschrift.

Z. anal. Ch. = Zeitschrift für analytische Chemie.

Z. Hyg. = Zeitschrift für Hygiene.

Z. physic. Ch. = Zeitschrift für physikalische Chemie.

Einleitung.

Der Absatz des Formaldehyds hat sich in den letzteren Jahren ins Enorme gesteigert. Deutschland allein bringt jährlich an 400.000 Kilogramm in den Handel, wovon 200.000 Kilogramm zur Anilinfabrikation Verwendung finden, während die übrigen 200.000 Kilogramm in der Gerberei, in der Papierfabrikation und als Desinfections= mittel verbraucht werden.

Diese Zahlen, welche für die Wichtigkeit des Stoffes sprechen, veranlaßten uns zu vorliegender Zusammenstellung. Sie soll dem Chemiker und Arzt, dem Apotheker und Tech= niker die Darstellungsweise, die Eigenschaften und insbe= sondere die Hauptverwendungsarten des genannten Aldehyds in knapper Form vor Augen führen. Inwieweit uns dieses gelungen ist, muß dem nachsichtigen Leser überlassen bleiben.

Zur Darstellung des Formaldehyds.

A. W. Hofmann[1]) war der Erste, welcher oie Ent=
stehung des Formaldehyds bei der flammenlosen Verbrennung
von Methylalkohol durch eine glühende Platinspirale beobachtete.
Diese Entdeckung fällt in das Jahr 1867. Tollens[2]) und
besonders O. Löw[3]) vervollkommneten die Darstellungs=
weise und erzielten durch ihre Verbesserungen größere Aus=
beuten.

Zur Darstellung bringt man Methylalkohol (Holzgeist)
in eine Kochflasche, erwärmt auf ungefähr 50 Grad, und
leitet durch dieselbe einen möglichst raschen Luftstrom. Dieser
passirt zuerst ein Gefäß mit Schwefelsäure, dann einen bis zur
Hälfte mit Methylalkohol beschickten Kolben, hierauf eine
30 Centimeter lange Röhre aus böhmischem Glas, in welcher
sich ein 5 Centimeter langer, aus Kupferdraht hergestellter
Cylinder befindet, und endlich eine Vorlage, welche mit einer
weiteren in Verbindung steht, um den in der ersten Vorlage
noch nicht condensirten Antheil des Formaldehyds aufzu=
fangen.

In der Technik findet vielfach das Trillat'sche Ver=
fahren Anwendung. (D. R. P. 55176.) Dasselbe besteht

---

[1]) Hofmann, Ann. 145, S. 357, 1868; s. a. Volhard, Ann.
176, S. 129, 1875.

[2]) Tollens, B. 15, S. 1630, 1882, und 16, S. 917, 1883.

[3]) Löw, J. pr. Ch. 33, S. 323, 1886.

wesentlich in der Zerstäubung von Methylalkohol und Leitung desselben auf einen porösen Körper in Gegenwart von Luft.

Die Herstellung zerfällt in 2 Theile:

1. Die Zerstäubung.

2. Die Oxydation.

Als Rohstoff kann man sowohl gewöhnlichen (rohen) wie rectificirten Methylalkohol, absoluten und wässerigen verwenden.

Fig. 1.

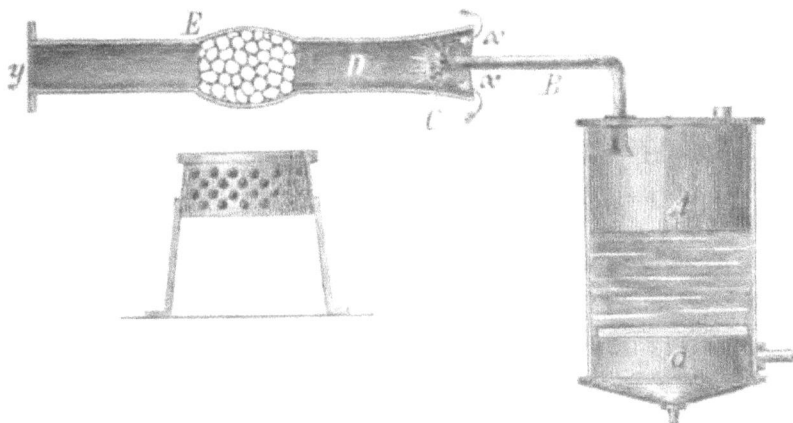

Man bringt von diesem in einen etwa 100 Liter fassen= den Kupferkessel A und heizt mit Hilfe eines doppelten Bodens a durch Dampf. An seinem oberen Theile trägt der Kessel ein Entbindungsrohr B, welches sich in einen rechten Winkel umbiegt und in eine feine Spitze oder eine Brause C ausläuft. Der verdampfende Alkohol entweicht in Gestalt einer Dampfwolke. Das Ende des Entweichungsrohres taucht etwa 1 Centimeter tief in eine einseitig offene, weitere Kupfer= röhre D ein. Das andere Ende y der Röhre D steht mit dem Recipienten in Verbindung, in welchem sich der Formal=

dehyd sammeln soll. In der Mitte dieses Rohres, welches etwa 10 Centimeter Durchmesser und 1 Meter Länge hat und horizontal liegt, befindet sich eine Ausbauchung E, welche zum Theile mit einem porösen Stoff angefüllt ist, wie Holz= kohle, Retortenkohle, Coaks, Ziegelmehl u. s. w.

Das horizontale Rohr kann direct erhitzt werden, bis die poröse Masse zu einer hell= oder dunkelrothen Hitze, je nach der Art des verwendeten Stoffes, gekommen ist, dann wird der Recipient mit einem Wasserstromgebläse in Ver= bindung gesetzt.

Der Arbeitsgang ist folgender:

Man bringt den Alkohol zum Kochen, die Dämpfe zerstäuben sich beim Austritte aus den Oeffnungen des Rohres und treffen die heiße poröse Masse. Da genügend Luft vor= handen ist, findet dabei die Oxydation zu Formaldehyd statt; dieser wird in den Recipienten gesaugt, dessen Saug= apparat auch den Eintritt der Luft in das offene Rohr bei H bewirkt.

Man kann den Formaldehyd auf diese Weise entweder in Lösung oder in einer Verbindung erhalten. Im ersten Falle muß man ihn in Wasser oder Alkohol leiten, im zweiten läßt man ihn durch einen Stoff streichen, welcher mit ihm Additions= oder Condensationsproducte bildet.

Neuerdings ist M. Klar in Leipzig=Lindenau und Dr. E. Schulze[1] in Marburg a. d. Lahn ein Verfahren patentirt worden zur Herstellung von Aldehyden, beziehungs= weise Formaldehyd, welches dadurch gekennzeichnet ist, daß man zur betriebsicheren und rationellen Erzeugung des hierbei zur Verwendung kommenden Alkoholluftgemisches geregelte Mengen von fein zertheiltem Alkohol unter Darbietung großer

---

[1] D. R. P. Nr. 106495.

Berührungsflächen, einem ebenfalls geregelten und eventuell vorher mit aus dem Proceß selbst hervorgehenden Stickstoff- gas verdünnten Luftstrom entgegenführt, wobei die Luft oder der Alkohol oder das Alkoholgemisch erwärmt gehalten wird.

Diese Art von Darstellung soll gewisse Vorzüge haben.

Die Darstellung von Formaldehyd geschah gewöhnlich in der Weise, daß durch einen großen, eventuell auf con- stantem Niveau gehaltenen Ueberschuß von Methylalkohol atmosphärische Luft gesaugt oder gepreßt, und dann das er- haltene Luftalkoholgemisch über glühende Contactmassen geführt wurde. Diese Arbeitsweise hat bei der industriellen Ausführung nach Klar und Schulze den sehr bedenklichen Uebelstand, daß zur Erreichung eines eine gefahrlose stichflammenfreie Oxy- dation gewährleistenden, also einen gewissen Methylalkohol- überschuß enthaltenden Alkoholluftgemisches die Luft stets durch einen übermäßig großen Ueberschuß von Holzgeist hin- durch gesaugt werden muß, wodurch diese Betriebsart eine ganz besonders feuergefährliche wird. Weiter bedingt der der Luft dargebotene verhältnißmäßig große Methylalkohol- überschuß, daß das Luftalkoholgemisch mehr Methylalkohol enthält, als zu einer ruhigen Oxydation beim Ueberleiten über die glühenden Contactmassen erforderlich ist; hierdurch steigert sich der Verbrauch an Methylalkohol und macht die ganze Arbeitsweise wenig rationell. Dadurch endlich, daß der zu verdampfende Methylalkohol sich in ruhendem Zu- stande befindet, hat man es weder in der Hand, ständig ein Luftalkoholgemisch bestimmter Zusammensetzung zu erzeugen, welches erfahrungsgemäß die besten Ausbeuten sichert, noch ist man in Folge der von dem allmählichen Abdunsten des Methylalkohols hervorgerufenen Niveauveränderung sicher, nicht etwa ein zu wenig Methylalkohol enthaltendes Alkoholluftgemisch zu erzeugen, welchem mehr oder weniger explosive Eigenschaften zukommen.

Um nun unter Vermeidung dieser Gefahren ein zur Formaldehydbildung ganz besonders geeignetes Luftalkohol= gemisch in stets gleicher Zusammensetzung herstellen zu können, soll zur Erlangung einer eben hinreichenden genügenden Be= ladung der Luft mit Methylalkohol die Luft nicht durch eine große Alkoholmenge gesaugt oder gepreßt werden, sondern eine derartige bestimmte zusammengesetzte Mischung wird, ganz gefahrlos, dadurch erzielt, daß in Bewegung befind= liche, also regel= und meßbare Mengen von fein zertheiltem Methylalkohol in einem Mischcylinder für Gase und Flüssig= keiten unter Darbietung großer Berührungsflächen einem genügend vorgewärmten und ebenfalls gemessenen Luftstrom entgegengeführt werden, welcher eventuell vorher zur Vermei= dung tiefer eingreifender Oxydation und zur Erzielung höchster Formaldehydausbeuten mit dem aus dem Processe selbst ab= fallenden Stickstoff verdünnt worden ist.

Diese bisher bei der Herstellung von Formaldehyd noch nicht benützte Anwendung des Gegenstromprincipes und ebenso die noch nicht verwendete Verdünnung des Luft= alkoholgemisches mit Stickstoffgas schließen einen neuen tech= nischen Effect insofern ein, als es nicht nur durch Anwendung des Gegenstromprincipes und der dadurch bedingten Dar= bietung großer Berührungsflächen zwischen Alkohol und Luft ermöglicht wird, eine genügende Beladung der Luft schon mit sehr kleinen, in der Zeiteinheit anwesenden Mengen Methyl= alkohol zu erreichen, sondern daß auch durch die Anwendung mit Stickstoff verdünnter Luft die Oxydation eine so gemäßigte wird, daß die Luft überhaupt nur mit einem verhältnißmäßig geringen Ueberschuß von Methylalkohol beladen zu werden braucht, ohne daß eine Stichflammenbildung zu befürchten ist.

Ferner ist durch die Anwendung von in Bewegung befindlichen Luft= und Alkoholmengen die Möglichkeit der Regulirbarkeit beider geschaffen, und wird damit die Er= langung eines gleichmäßig und bestimmt zusammenge= setzten Luftalkoholgemisches erreicht.

Zur Durchführung des eben beschriebenen Verfahrens dient der in der Zeichnung dargestellte Misch= apparat. Der Mischthurm (Fig. 2) besteht aus Metall oder Thon. Von unten führt man auf irgend eine Weise so stark vorgewärmte Luft ein, daß das gasförmige Gemisch, Methylalkohol und Luft, an der Austrittsstelle eine Tem= peratur von 45 bis 50 Grad zeigt, die für die Erzielung des richtigen Mischungsverhältnisses und für den günstigen Verlauf der Reaction sich als die geeignetste erwiesen hat. Statt der vorgewärmten Luft kann diese Temperatur des Re= actionsgemisches auch dadurch erzielt werden, daß der Thurm von einem Wassermantel umgeben oder auch durch Dampf heizbar ist.

Der Methylalkohol tritt unmittelbar unterhalb des Deckels in den Thurm ein und fließt durch einen Vertheiler dem von unten kommenden Luftstrome entgegen. In der in dem unteren Theile des Thurmes befindlichen, aus Coaks u. s. w. bestehenden Füllung findet eine innige Mischung beider statt.

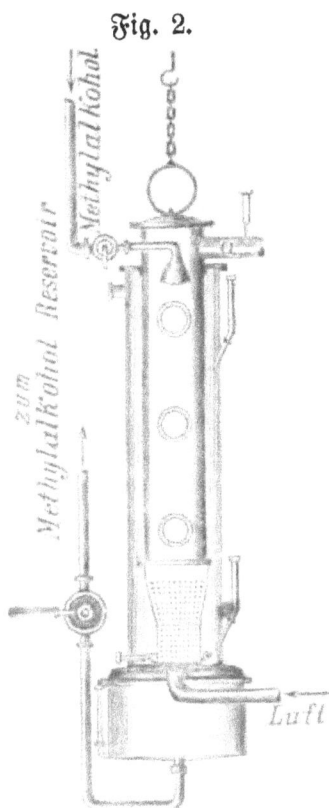

Etwa durch die Füllung hindurchfließender überschüssiger Alkohol wird durch eine Pumpe in das Reservoir zurückbefördert. Die Vermeidung größerer Mengen flüssigen Methylalkohols trägt wesentlich zur Sicherung des ganzen Betriebes mit bei, indem größere, gefahrbrohende Brände von Alkohol nicht entstehen können. Der Methylalkoholzufluß vom Reservoir ist so einzurichten, daß er von verschiedenen Seiten leicht abgestellt werden kann.

Das so hergestellte Luftalkoholgemisch wird in bekannter Weise durch Ueberleiten über geeignete Contactmassen zur Reaction gebracht und der gebildete Aldehyd in geeigneter Weise condensirt.

Da der in den Apparat eingeführten Luft auf dem Wege durch das Oxydationsrohr sämmtlicher Sauerstoff entzogen wird, so kann, wie schon oben erwähnt wurde, der am anderen Ende des Apparates austretende, fast reine Stickstoff vortheilhaft zur Verdünnung des Reactionsgemisches verwendet werden.

Ueber die Eigenschaften des Formaldehyds.

Der Formaldehyd $\left(HC \diagdown \begin{smallmatrix} O \\ H \end{smallmatrix}\right)$, Methylaldehyd, nach der neueren Nomenclatur Methanal genannt, ist ein Gas, welches eigenartig riecht und bei starker Kälte sich zu einer wasserhellen, beweglichen Flüssigkeit verdichtet.[1]

Vom Wasser wird Formaldehyd bis zu 52 Procent[2] aufgenommen.

---

[1] Ann. 258, 95.
[2] B. 25, 2435.

Die concentrirte wässerige Lösung enthält wahrscheinlich neben dem flüchtigen Formaldehyd das Hydrat Methylenglycol

$$CH_2 \begin{cases} OH \\ OH. \end{cases}$$

Formaldehyd ist besonders bei Gegenwart starker Basen ein energisches Reductionsmittel. Er scheidet aus Gold- und Silberlösungen, aus Quecksilber- und Wismuthsalzlösungen die Elemente ab.

Ferner besitzt Formaldehyd die Eigenschaft, sich zu addiren und zu condensiren.

Natriumbisulfit addirt er unter Bildung von formaldehydschwefligsaurem Natrium:

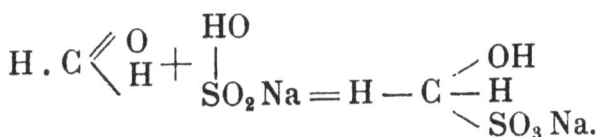

$$H.C \begin{cases} O \\ H \end{cases} + \begin{matrix} HO \\ | \\ SO_2 Na \end{matrix} = H - C \begin{matrix} OH \\ H \\ SO_3 Na. \end{matrix}$$

Formaldehyd.   Natriumbisulfit.   Formaldehydschwefligsaures Natron.

Mit Anilin bildet Formaldehyd unter Wasseraustritt Anhydroformaldehydanilin:

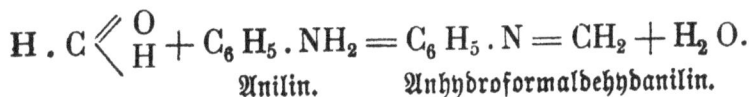

$$H.C \begin{cases} O \\ H \end{cases} + C_6 H_5 . NH_2 = C_6 H_5 . N = CH_2 + H_2 O.$$

Anilin.   Anhydroformaldehydanilin.

Mit Ammoniak reagirt er unter Bildung von Hexamethylentetramin (Urotropin, Formin):

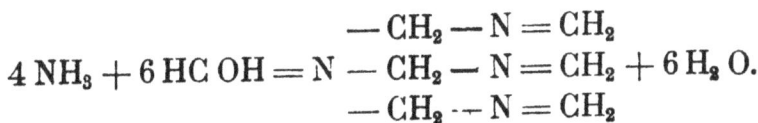

$$4 NH_3 + 6 HC OH = N \begin{matrix} - CH_2 - N = CH_2 \\ - CH_2 - N = CH_2 \\ - CH_2 - N = CH_2 \end{matrix} + 6 H_2 O.$$

Hexamethylentetramin.

Eine circa 40procentige Lösung ist Handelsproduct. [1] Dieselbe soll im Laufe der Monate zum Theile in Ameisen= säure übergehen. [2]

Das neue deutsche Arzneibuch beschreibt dieselbe als eine klare farblose, stechend riechende, neutrale oder doch nur sehr schwach sauer reagirende, wässerige Flüssigkeit, welche sich mit Wasser und mit Weingeist in jedem Mengenverhältnisse mischt, nicht dagegen mit Aether.

Specifisches Gewicht 1·079 bis 1·081. Gehalt in 100 Theilen etwa 35 Theile Formaldehyd.

Die polymeren Modificationen des Formaldehyds.

Beim Stehen an der Luft polymerisirt sich der Formal= dehyd zu Trioxymethylen, welches, aus der Lösung abgeschieden, in Wasser, Alkohol und Aether unlöslich ist. [3]

Trioxymethylen ist eine undeutlich krystallinische Masse, die bei 152 Grad schmilzt und bei 171 bis 172 Grad sublimirt. Mit einer Spur Schwefelsäure behandelt, ver= wandelt es sich in das isomere α Trioxymethylen. Schmelz= punkt 60 bis 61 Grad, löslich in Wasser, Alkohol und Aether.

Das sogenannte polymere Trioxymethylen $(C_3 H_6 O_3)_2$, bei der Elektrolyse von Glycerin bei Gegenwart von ver= dünnter Schwefelsäure erhältlich, ist ein gelbbrauner Syrup.

Ein weiteres interessantes Polymerisationsproduct erhielt ferner Löw aus Formaldehyd und Kalkwasser, welches er Formose nannte (siehe Einiges über Formaldehydsynthesen).

[1] Das Handelsproduct führt den Namen Formalin. Unter Formalith versteht man mit Formalinlösung getränkte Kieselguhr= platten, unter Formin Hexamethylentetramin. Formatol ist ein von der Firma Seelze=Hannover in den Handel gebrachtes formaldehyd= haltiges Streupulver (s. a. S. 44).

[2] Jb. Ch. 1897, p. 487.

[3] Ann. 111, 242; Gazz. chim. XIV, 139; B. 17, 566 Ref.

Die Prüfung des Formaldehyds nach dem Deutschen Arzneibuch.

Eindampfen von 5 Cubikcentimeter Formaldehydlösung auf dem Wasserbade und Erhitzung des Rückstandes bei Luftzutritt.

Identitätsreaction durch einen weißen, amorphen, in Wasser unlöslichen Verdampfungsrückstand (Paraform), welcher beim Erhitzen vollständig verbrennt.

Uebersättigen von 5 Cubikcentimeter Formalin mit Salmiakgeist, Verdunsten im Wasserbade und Behandeln des Rückstandes mit Wasser.

Identitätsreaction durch einen weißen, krystallinischen Rückstand, welcher in Wasser sehr leicht löslich ist. Rückstand = Hexamethylentetramin.

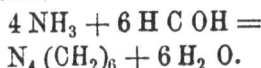

$$4\,NH_3 + 6\,H\,C\,OH = N_4\,(CH_2)_6 + 6\,H_2\,O.$$

Versetzen von 5 Cubikcentimeter Formaldehydlösung mit ammoniakalischer Silberlösung.

Identitätsreaction durch Abscheidung von metallischem Silber.

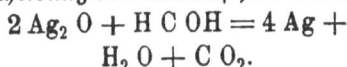

$$2\,Ag_2\,O + H\,C\,OH = 4\,Ag + H_2\,O + C\,O_2.$$

Versetzen von 10 Cubikcentimeter Formaldehydlösung mit alkalischer Kupferartratlösung.

Identitätsreaction durch Abscheidung eines rothen Niederschlages.

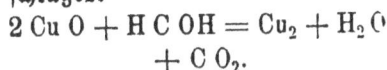

$$2\,Cu\,O + H\,C\,OH = Cu_2 + H_2\,O + C\,O_2.$$

Versetzen von 6 Cubikcentimeter Formaldehydlösung mit 24 Cubikcentimeter Wasser und Versetzen von je 10 Cubikcentimeter dieser Flüssigkeit:

1. Mit Silbernitratlösung.

Weiße Trübung läßt auf Salzsäure schließen.

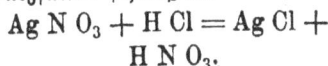

$$Ag\,N\,O_3 + H\,Cl = Ag\,Cl + H\,N\,O_3.$$

2. Mit Baryumnitratlösung.

Weiße Trübung läßt auf Schwefelsäure schließen.

3. Mit Schwefelwasserstoff=
wasser.

Versetzen von 1 Cubikcenti=
meter Formaldehydlösung mit
1 Tropfen Normalkalilauge und
Eintauchen von blauem Lackmus=
papier.

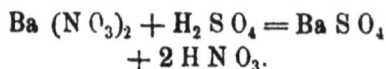

$$Ba\,(N\,O_3)_2 + H_2\,S\,O_4 = Ba\,S\,O_4 + 2\,H\,N\,O_3.$$

Dunkelfärbung oder Fällung
tritt ein, wenn Schwermetalle
vorhanden sind. (Bildung von
Sulfiden.)

Röthung des blauen Papieres
durch freie Säure (Ameisensäure).

Der Nachweis des Formaldehyds im Allgemeinen.

Der Formaldehyd charakterisirt sich durch seinen eigen=
artigen Geruch. Mit Gold=,[1]) Silber=, Quecksilberlösungen

---

[1]) Verwendet man zu diesem Zwecke sehr verdünnte Gold=
lösungen, so erhält man prächtig violett gefärbte, beziehungsweise
roth gefärbte Flüssigkeiten, sogenannte iolloidale Goldlösungen
Zsigmondy (Ann. 301, 29) hat jüngst gefunden, daß Formaldehyd
bei Gegenwart von Potasche ein ausgezeichnetes Mittel ist, sogenannte
iolloidale Goldlösungen herzustellen. Zur Herstellung der rothen
Goldlösungen werden 25 Cubikcentimeter einer Lösung Au Cl$_3$ H Cl
(0·6 Gramm im Liter) mit 100 bis 150 Cubikcentimeter Wasser ver=
dünnt, hierauf mit 2 bis 4 Cubikcentimeter einer $\left(\frac{n}{5}\right)$ normalen Lösung
von Kaliumcarbonat versetzt und zum Sieden erhitzt. Unmittelbar
nach dem Aufkochen entfernt man die Flamme und fügt partienweise,
aber ziemlich schnell 4 Cubikcentimeter einer Lösung von einem
Theile frisch destillirtem Formaldehyd in 100 Theilen Wasser zur
kochend heißen Lösung unter lebhaftem Umrühren der Flüssigkeit;
dieselbe wird kurz darauf dunkler, vorübergehend hellroth und
schließlich tiefroth, worauf sie sich weder durch Kochen, noch durch
Monate langes Stehen verändert. Stöckl und Vanino (Z. f. phys.
Ch. XXX, S. 98) fanden, daß Formaldehyd ohne Kaliumcarbonat
zum gleichen Ziele führt.

versetzt, erfolgt baldige Abscheidung.[1]) Mit Anilinwasser ge=
schüttelt, giebt Formaldehyd in verdünnten Lösungen eine
weiße Trübung, in concentrirten einen Niederschlag von An=
hydroformaldehydanilin.

Mit einer durch wenig schweflige Säure entfärbten Fuch=
sinlösung wird Formaldehydlösung intensiv violettroth gefärbt.

Salzsaures Phenylhydrazin mit Nitroprussidnatrium und
concentrirter Natronlauge ruft in Formaldehydlösungen Blau=
färbung hervor. Die Grenze für dieses Reagenz ist 1 : 1,000.000.[2])

Bromwasser zur ammoniakalischen Lösung von Formaldehyd
giebt weißen Niederschlag von Hexamethylentetraminbromid.

Eine Lösung von Hydroxylamin giebt beim Kochen mit
Formaldehyd Blausäure, welche im Destillat oder durch den Geruch
nachgewiesen werden kann. (Blausäure bildet sich durch Zer=
setzung des zuerst gebildeten Oxims [$CH_2 = NOH$].)

Trillat[2]) empfiehlt Dimethylanilin als Reagenz. Es
entsteht Tetramethyldiamidodiphenylmethan

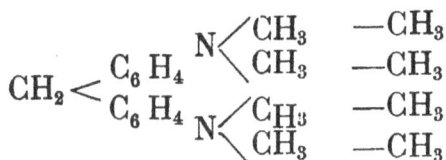

$$CH_2 < \begin{array}{l} C_6H_4 \\ C_6H_4 \end{array} \begin{array}{l} N< \begin{array}{l} CH_3 \quad -CH_3 \\ CH_3 \quad -CH_3 \end{array} \\ N< \begin{array}{l} CH_3 \quad -CH_3 \\ CH_3 \quad -CH_3 \end{array} \end{array}$$

welches in essigsaurer Lösung mit Bleisuperoxyd oxydirt sich
in das entsprechende Carbinol verwandelt:

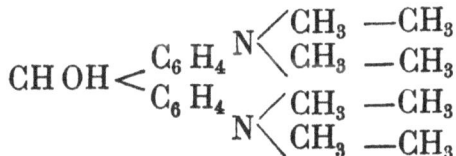

$$CHOH < \begin{array}{l} C_6H_4 \\ C_6H_4 \end{array} \begin{array}{l} N< \begin{array}{l} CH_3 \quad -CH_3 \\ CH_3 \quad -CH_3 \end{array} \\ N< \begin{array}{l} CH_3 \quad -CH_3 \\ CH_3 \quad -CH_3 \end{array} \end{array}$$

wodurch eine intensive Blaufärbung entsteht.[1])

---

[1]) Siehe auch Cap. der Formaldehyd in der qualitativen
und quantitativen Analyse.
[2]) Bull. Soc. chim. (5 ser.) 9, 305.

Der Nachweis des Formaldehyds in Nahrungsmitteln.

Um in Flüssigkeiten, wie in Milch ꝛc., Formaldehyd nachzuweisen, verwendet man im Allgemeinen 100 Cubikcentimeter und unterwirft sie der Destillation. Feste Körper zerkleinert man, zieht sie mit kaltem Wasser aus und destillirt von den vereinigten Auszügen etwa ein Viertel ab.[1]) Da jedoch nach Jean[2]) Formaldehyd mit Gelatine und Eiweißkörpern schwer zersetzliche Verbindungen bildet, so wird von diesem folgendes Verfahren vorgeschlagen:

100 Cubikcentimeter Milch werden mit 4 bis 5 Tropfen Schwefelsäure versetzt und zur Abscheidung der Eiweißkörper einige Minuten auf 80 Grad erhitzt, das Ganze in einen 300 Cubikcentimeter-Kolben gegeben, überschüssiges Natriumsulfat zugefügt und 50 Cubikcentimeter abdestillirt, welche zur Prüfung verwendet werden.

Romijn[3]) erwähnt bereits für den eigentlichen Nachweis von Formaldehyd die Bildung von Hexamethylentetramin bei Einwirkung von Ammoniak und identificirt er dasselbe durch Doppelsalze, die es mit Quecksilberchlorid, Jodquecksilberjodkali, Platinchlorid, Phosphormolybdänsäure, Jodkalium, Jodwismuthkalium, Zinnchlorür und Salzsäure, Jodkalium, Pikrinsäure giebt.

Thomson[4]) beschreibt eine Methode, die auf der Reduction von Silbernitrat beruht.[3]) Derselbe verwendet eine 2procentige ammoniakalische Silbernitratlösung, von welcher

---

[1]) Vereinbarungen über Unters. v. Nahrungs- u. Genußmitteln. Heft I.
[2]) Ann. Chim. an. appl. 4, 41.
[3]) Ned. Tijdschr. Pharm. 7, 169.
[4]) Ch. News 71, 247.

er auf 10 Cubikcentimer Destillat 5 Tropfen Reagenz zu=
setzt. Nach mehrstündigem Stehen im Dunkeln soll weder
eine Schwarzfärbung, noch ein Niederschlag beobachtet werden,
was jedoch nicht einwandfrei zu sein scheint, wie dies
Hehner, Droop, Richmond und Mayrhofer[1]) er=
wähnen, denn letzterer Forscher hat z. B., als er reine saure
Milch oder Süßrahmbutter mit Wasserdämpfen destillirte,
einen Silbernitrat ebenfalls stark reducirenden Körper er=
halten.

Um sehr geringe Mengen Formaldehyd noch deutlich
nachzuweisen, bedient man sich mit Vortheil der Hehner'schen
Reaction, deren Schärfe jedoch bei größerem, 0·5 Procent
übersteigendem Formaldehydgehalt wesentlich beeinträchtigt
wird. Droop, Richmond und Kidgell Boseley,[2]) welche
sich mit dieser Methode befaßten, verwenden zu deren Aus=
führung eine Peptonlösung, welche sie mit dem Milchdestillat
vermischen. Bei vorsichtiger Unterschichtung von concentrirter
Schwefelsäure beobachteten dieselben, wenn Formaldehyd zu=
gegen, einen schön blauen Ring an der Berührungszone.
Die Empfindlichkeit der Reaction kann nach Normand
Leonhard[3]) noch wesentlich verschärft werden durch Zusatz
von Spuren Ferrichlorid zur Schwefelsäure.

Eine praktische Ausführung dieser Probe giebt Grün=
hut[4]) an. Er verwendet die Milch direct, verdünnt dieselbe
mit der gleichen Menge Wasser und fügt concentrirte
Schwefelsäure zu. Formaldehydfreie Milch nimmt eine licht=
grüne Färbung in der Berührungszone an, während bei
dessen Gegenwart ein violetter Ring entsteht, der sich 2 bis

---

[1]) Zeitschr. f. Unters. d. Nahrungs= u. Genußmittel 1898, 552.
[2]) The an. 1895, Bd. 20, S. 154.
[3]) The an. 21, 157.
[4]) Z. anal. Ch. 39, 330.

3 Tage hält. Ein bei Abwesenheit von Formaldehyd sich bildender röthlichbrauner Ring unterhalb der Berührungs= zone soll bei einiger Uebung keinen Anlaß zu Verwechs= lungen geben.

Lebbin[1]) empfiehlt eine 40= bis 50procentige Natron= lauge, die mit 5 Procent Resorcin versetzt ist. Man erhitzt gleiche Volumina dieser Lösung und der zu prüfenden Flüssigkeit ½ Stunde lang zum Sieden, wobei eine entstehende Roth= färbung das Vorhandensein von Formaldehyd anzeigt. Mittelst dieser Methode läßt sich dasselbe auch colorimetrisch bestimmen.

Von Enrico Rimini[2]) wird eine Reaction mit Phenyl= hydrazinchlorhydrat angegeben und soll dieselbe nach Pil= hashy[3]) gute Dienste leisten. Zur Ausführung versetzt man 15 Cubikcentimeter einer sehr verdünnten Formaldehydlösung mit 1 Cubikcentimeter verdünnter Phenylhydrazinchlorhydrat= lösung, fügt einige Tropfen frisch bereitete Nitroprussid= natriumlösung und concentrirte Natronlauge zu; es entsteht eine Blaufärbung, die nach kurzer Zeit in Roth übergeht. $\frac{1}{30.000}$ Formaldehyd läßt sich mit dieser Reaction noch deutlich erkennen. Ohne Zugabe von Nitroprussidnatrium wird diese Reaction in neuester Zeit von Riegler[4]) empfohlen und erhält derselbe, wenn Formaldehyd zugegen, sofort rosa=rothe Färbungen.

Hehner[5]) verwendet verdünnte Phenollösung, die er mit dem Destillat vermischt und nun Schwefelsäure darunter= schichtet. Eine carmoisinrothe Berührungszone deutet auf

1) Pharm. Ztg. 41, 681.
2) An. di Farm. 98, 97.
3) Journ. Am. Chem. 22, 132.
4) Pharm. C. XLI, Nr. 50, 2.
5) The an. 21, 157.

Formaldehyd. Von Farnsteiner[1]) wird Metaphenylen=
diamin zur Verwendung empfohlen.

Ein weiteres wichtiges Reagens ist das sogenannte
Schiff'sche. Dasselbe besteht nach Denigès[2]) aus 0·4 Fuchsin
in 250 Cubikcentimeter Wasser gelöst, unter Zugabe von
10 Cubikcentimeter Natriumbisulfitlösung von 40 Grad Bé.
und 10 Cubikcentimeter concentrirter Schwefelsäure. Formal=
dehydhaltige Flüssigkeiten geben damit rothe Färbungen, die
auf Zusatz von 2 Cubikcentimeter concentrirter Salzsäure
nach 5 bis 6 Minuten in blauviolett übergehen. Gayon[3])
hat dasselbe modificirt und giebt ihm folgende Zusammen=
setzung: 1 Cubikcentimeter gesättigte, wässerige Fuchsinlösung
wird unter Zusatz von 10 Cubikcentimeter Bisulfit von
30 Grad Bé. und 10 Cubikcentimeter concentrirter Salz=
säure zum Liter verdünnt.

Auch Phloroglucin soll nach Jorisson noch mit
1/20.000 Theilen Formaldehyd deutliche Rothfärbung erkennen
lassen. Vanino[4]) hat diese Reaction näher studirt und be=
obachtet, daß dieselbe wohl bei kleineren Mengen, und zwar
bis zu 0·5 Procent deutlich eintritt, während größere
Mengen nicht mehr nachweisbar waren. Die Grenze der
Empfindlichkeit der Probe liegt bei 0·000004 Formaldehyd.

Neuberg[5]) verwendet eine wässerige Lösung von Dihydra=
zinodiphenylchlorhydrat zum Nachweise von Formaldehyd.
Einige Tropfen des Reagens geben in einer Verdünnung
(1:5000) beim Erwärmen eine momentane Gelbfärbung,
später eine krystallinische Ausscheidung.

---

[1]) Forschb. über Lebensm. 3, 363.
[2]) Journ. Pharm. Chim. (6) 4, 193.
[3]) Journ. Pharm. Chim. (6) 10, 108.
[4]) P. C. H. 40, 101
[5]) B. 99, 1961.

Aus all diesen verschiedenen Proben möchten wir die von den deutschen Nahrungsmittelchemikern vorgeschlagenen der Praxis empfehlen; es sind dies: 1. Die Thomson'sche Silbernitratprobe, 2. die Romijn'sche Probe, 3. die Hehner'sche Probe, 4. das Schiff'sche Reagens, welchen nach Heft II der Vereinbarungen noch folgende hinzugefügt werden: 5. Die Lebbin'sche, 6. die Hehner'sche mit Phenol=lösung, 7. die von Grünhut empfohlene und 8. die Phloro=glucinprobe Jorisson's.

Ueber die quantitativen Bestimmungsarten des Formaldehyds.

Mit der Frage der quantitativen Bestimmung des Formaldehyds hat sich zuerst Tollens[1]) beschäftigt. Er ver=suchte wie O. Löw[2]) durch Wägung des abgeschiedenen Silbers zu einem günstigen Resultate zu gelangen, jedoch führten diese Untersuchungen nicht zu dem erwünschten Ziele. Später benützte erstgenannter Forscher Schwefelwasserstoff zu diesem Zwecke, aber ebenfalls ohne befriedigenden Erfolg. Legler[3]) gründete auf die Wechselwirkung zwischen Ammoniak und Formaldehyd, beziehungsweise Natronlauge und Formal=dehyd maaßanalytische Bestimmungen, welche noch allgemein Anwendung finden (siehe S. 25). Trillat[4]) bedient sich des Anilins, welches sich nach 48 Stunden quantitativ mit dem Formaldehyd zu Anhydroformaldehydanilin $C_6H_5.N:CH_2$ vereinigt. M. Klar hat diese ziemlich zeitraubende Methode unter Zuhilfenahme von Congo zu einer titrimetrischen Methode

---

1) B. 15, S. 1830, und 16, S. 918.
2) J. pr. Ch. 1886, Nr. 33, S. 325.
3) B. 16, S. 1333.
4) Bull. Soc. Chim.: 5. Ser. 9, 305 und Pharm. Z. Nr. 40, S. 611, 1894.

ausgearbeitet. A. Brochet und R. Cambier[1]) empfehlen in einer Arbeit, die sie in der Zeitschrift Comptes rendus veröffentlichen, die Wechselwirkung zwischen salzsaurem Hydroxylamin und Formaldehyd zur quantitativen Bestimmung des letzteren. Versetzt man nämlich eine Lösung von bekanntem Gehalte an salzsaurem Hydroxylamin mit einem Ueberschuß an wässerigem Formaldehyd, so läßt sich durch eine Titration unter Benützung von Methylorange als Indicator nachweisen, daß die gesammte Säure des salzsauren Salzes in Freiheit gesetzt ist; es befindet sich keine Spur des Salzes mehr in Lösung.

Wendet man dagegen das salzsaure Hydroxylamin im Verhältnisse zum Formaldehyd im Ueberschuß an, so läßt sich durch eine gleiche Titration der Nachweis führen, daß so viel Salzsäure frei gemacht worden ist, als der Menge an Formaldehyd entspricht. Die Reaction findet im folgenden Formelbild ihren Ausdruck:

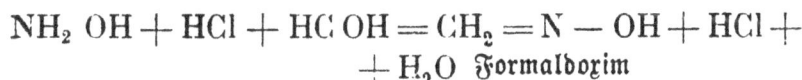

$$NH_2 OH + HCl + HC OH = CH_2 = N - OH + HCl + {} + H_2O \text{ Formaldoxim}$$

Als Indicator muß Methylorange angewendet werden, Phenolphtaleïn ist hier ausgeschlossen, da bekanntlich mittelst dieses Indicators sich die Salze des Hydroxylamins so titriren lassen, als ob nur die freie Säure vorhanden wäre. Diese Methode bezeichnet H. Smith als schnell und genau, vorausgesetzt, daß die Substanz rein war. Eine volumetrische, beziehungsweise gewichtsanalytische Bestimmung des Formaldehyds gründet B. Grützner[2]) auf dessen Reductionsfähigkeit gegen Chlorate.

---

[1]) C. r. 120, S. 449. Z. anal. Ch. Nr. 34, 1895, S. 623.
[2]) Grützner, Archiv. d. Pharm. 234, S. 634. 1896.

Fügt man zu einer mit Salpetersäure versetzten Formaldehydlösung chlorsaures Kali, so wird dasselbe glatt zu Salzsäure reducirt, welche mit Silbernitrat bestimmt wird.

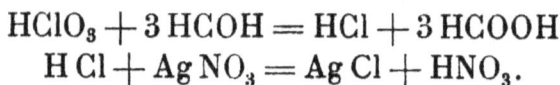

$$HClO_3 + 3\,HCOH = HCl + 3\,HCOOH$$
$$H\,Cl + Ag\,NO_3 = Ag\,Cl + HNO_3.$$

1 Cubikcentimeter $^1/_{10}$ Normalsilberlösung entspricht
dem tausendsten Theile von 3 Molekülen· Formaldehyd =
$0\cdot009$ H COH.

Zur Ausführung werden 5 Cubikcentimeter einer Formaldehydlösung, enthaltend $0\cdot14607$ Gramm Trioxymethylen
mit annähernd 1 Gramm chlorsaurem Kali, einigen Grammen
Salpetersäure und 50 Cubikcentimeter einer $^1/_{10}$ Normalsilberlösung in verschlossener Flasche durch Einsenken in ein
Wasserbad allmählich erwärmt, und unter zeitweiligem Durch-
schütteln eine halbe Stunde der Einwirkung der Wärme
überlassen. Nach dieser Zeit ist die Reaction in der Regel
beendet. Man kann die vollständige Umsetzung leicht daran
erkennen, daß die nach dem Umschütteln über dem abgeschiedenen Chlorsilber befindliche klare Flüssigkeit bei weiterem
Erwärmen sich nicht mehr trübt. Nach dem Erkalten titrirt
man in demselben Gefäß den Ueberschuß der Silberlösung
unter Anwendung von einigen Grammen concentrirter
Eisenalaunlösung als Indicator mit $^1/_{10}$ Rhodanammonium-
lösung zurück. Berechnung:

$0\cdot14607$ Trioxymethylenlösung benöthigen zum Zurück-
messen der 50 Cubikcentimeter überschüssigen Silberlösung
$33\cdot7$ Cubikcentimeter $^1/_{10}$ Rhodanammonlösung.

Gebunden waren hiermit $16\cdot3$ Cubikcentimeter Silberlösung.

1 Cubikcentimeter $= 0\cdot009\,HCOH = 0\cdot1467$ Gramm HCOH.

Im Jahre 1897 veröffentlichte Romijn[1]) zwei Bestimmungen des Formaldehyds, von denen die eine auf die leichte Oxydirbarkeit des Formaldehyds durch Jod in alkalischer Lösung gegründet ist, die andere auf die Eigenschaft des Formaldehyds, Cyankalium zu addiren. Für erstere Reaction hat Romijn folgende Formel zugrunde gelegt:

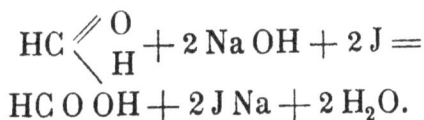

$$HC{\overset{\displaystyle\!\!/O}{\underset{\displaystyle\backslash H}{}}} + 2\,Na\,OH + 2\,J =$$
$$HC\,O\,OH + 2\,J\,Na + 2\,H_2O.$$

Der Verein für chemische Industrie empfiehlt für diese Methode folgende Arbeitsweise: Durch Verdünnen mit Wasser stellt man sich eine circa 2procentige Lösung von Formaldehyd dar.

In eine große Stöpselflasche von $^1/_2$ Liter Inhalt mit gut eingeschliffenem Glasstopfen bringt man 30 Cubikcentimeter Normalnatronlauge und 5 Cubikcentimeter der verdünnten Formaldehydlösung. Hierzu fügt man unter beständigem Umschütteln der Formaldehydlösung aus einer Bürette 40 bis 70 Cubikcentimeter einer $^1/_5$ Normaljodlösung, bis die Flüssigkeit lebhaft gelb erscheint. Man schließt die Flasche, schüttelt noch circa eine Minute lang kräftig durch, säuert mit 40 Cubikcentimeter Normalsalzsäure an und titrirt nach einigem Stehen den Ueberschuß des Jods mit $^1/_{10}$ Normalthiosulfatlösung zurück, wobei man gegen Ende der Titration sich des Stärkekleisters bedient.

1 Cubikcentimter Normaljodlösung entspricht $0\cdot015$ Gramm Formaldehyd, nach obiger Gleichung.

Die zweite Reaction erfordert titrirte Lösungen von Silbernitrat, Cyankalium und Rhodankalium und erfordert nach Aeußerungen H. Smith's viel mehr Sorgfalt als alle

[1]) Z. anal. Ch. 1897, Nr. 36, S. 18 und S. 21.

anderen Methoden, ohne wesentliche Vortheile zu bieten, weshalb von einer weiteren Besprechung abgesehen wird.

Nicloux[1]) empfiehlt zur Bestimmung von Formaldehyd die Anwendung von Kaliumbichromat. Für diese Reaction kommt folgendes Formelbild in Betracht:

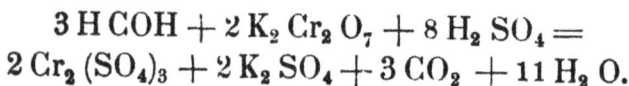

$$3\,H\,COH + 2\,K_2\,Cr_2\,O_7 + 8\,H_2\,SO_4 =$$
$$2\,Cr_2\,(SO_4)_3 + 2\,K_2\,SO_4 + 3\,CO_2 + 11\,H_2\,O.$$

Nach Versuchen von W. Gareis, die auf meine Veran= lassung ausgeführt wurden, ist es äußerst schwierig, den Endpunkt dieser Reaction zu erkennen. Nicloux giebt selbst zu, daß die Anwendung von Vergleichsröhren von Nutzen sei, wodurch selbstverständlich die Ausführung umständlicher wird. Auch die Versuche Gareis', die überschüssige Chrom= säure auf jodometrischem Wege zu bestimmen, ergaben keine einwurfsfreien Resultate.

Die schon erwähnte Methode, Formaldehyd mit Kali= lauge zu zerlegen, welche mehrere Tage beansprucht, läßt sich durch Erhitzen unter Druck wesentlich beschleunigen. Zur Ausführung bringt man die bewußte Lösung in eine starke Flasche von 50 Cubikcentimeter mit 25 Cubikcentimeter Normalnatronlauge und erhitzt die Flasche, welche man mit einem Tuch umwickelt, da eine Explosion nicht ausgeschlossen ist. Vor dem Abkühlen wird der Alkaliüberschuß mit Normal= schwefelsäure und Phenolphtaleïn titrirt.

Die schon erwähnte Explosionsgefahr beeinflußt den Werth der Methode.

H. M. Smith[2]) versuchte mittelst Kaliumpermanganat in alkalischer Lösung eine quantitative Bestimmung des Formal= dehyds. Nach seiner Angabe wird Formaldehyd von Kalium=

---

[1]) Bull. Soc. chim. 1897 (III) XVII, p. 839.
[2]) The an. 21, 148.

permanganat in der Kälte zu Ameisensäure oxydirt, in der Wärme, beim Kochen zu Wasser und Kohlensäure

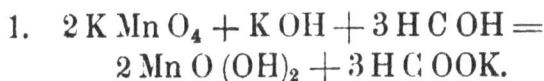

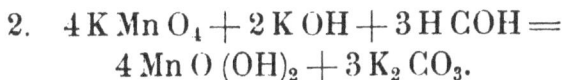

1. $2 \,K\,Mn\,O_4 + K\,OH + 3\,H\,C\,OH =$
$2 \,Mn\,O\,(OH)_2 + 3\,H\,C\,OOK.$

2. $4\,K\,Mn\,O_4 + 2\,K\,OH + 3\,H\,COH =$
$4\,Mn\,O\,(OH)_2 + 3\,K_2\,CO_3.$

Bei beiden Ausführungen soll der Endpunkt schwer erkenntlich sein.

Orchard[1]) gründet auf die Wechselwirkung zwischen ammoniakalischer Silberlösung und Formaldehyd eine quantitative Bestimmung.

10 Cubikcentimeter einer etwa 0·1 procentigen Formaldehydlösung fügt man zu einem Gemenge von 25 Cubikcentimeter $^1/_{10}$ Normalsilbernitratlösung und 10 Cubikcentimeter verdünntem Ammoniak (1 Cubikcentimeter Ammoniak von 0·88 specifischem Gewicht in 50 Cubikcentimeter Wasser) und erhitzt mindestens 4 Stunden lang am Rückflußkühler.

Man filtrirt das ausgeschiedene Silber ab und bringt es als solches zur Wägung. Auch kann man im Filtrate das überschüssige Silbernitrat titrimetrisch bestimmen.

1 Cubikcentimeter $^1/_{10}$ Normalsilbernitratlösung entspricht 0·0007495 Gramm Formaldehyd. Die Multiplication des gewogenen Silbers mit 0·0694 ergiebt die Gramme Formaldehyd in der angewandten Menge.

Oskar Blank und H. Finkenbeiner benützen zu benanntem Zwecke $H_2 O_2$ in alkalischer Lösung und stellen den Gehalt an Formaldehyd mittelst der nichtverbrauchten Natronlauge fest.

---

[1]) The an. 22, 4. Z. anal. Ch. Nr. 36, 1897, S. 719.

Die Reaction verläuft unter ziemlich starker Selbst=
erwärmung und heftigem Aufschäumen im Sinne folgender
Gleichung:

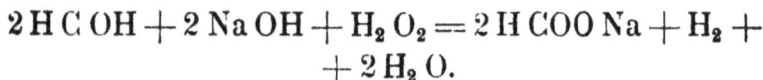

$$2\,H\,C\,OH + 2\,Na\,OH + H_2\,O_2 = 2\,H\,COO\,Na + H_2 +$$
$$+ 2\,H_2\,O.$$

Die Bestimmung wird folgendermaßen ausgeführt:

3 Gramm der zu prüfenden Formaldehydlösung (bei
festem Formaldehyd 1 Gramm) werden in einem Wäge=
röhrchen abgewogen und in 25 Cubikcentimeter doppelt
normaler Natronlauge, welche sich in einem hohen Erlen=
mayer=Kolben befindet, eingetragen. Gleich darauf werden
allmählich (in etwa 3 Minuten) 50 Cubikcentimeter reines
Wasserstoffsuperoxyd von etwa 3 Procent durch einen Trichter
(um Verspritzen zu verhindern) hinzugefügt.

Nach 2 bis 3 Minuten langem Stehenlassen wird der
Trichter mit Wasser gut abgespült und die nicht verbrauchte
Natronlauge mit doppelt normaler Schwefelsäure zurück=
titrirt. Als Indicator wurde Lackmustinctur angewendet. Bei
Bestimmungen verdünnterer als 30procentiger Lösung muß
man zur Vervollständigung der Reaction etwa 10 Minuten
nach Zugabe des Wasserstoffsuperoxyds stehen lassen.

A. Harden ist jedoch der Ansicht, daß der Verlauf
der Reaction nur bei einem Ueberschuß von Formaldehyd
quantitativ verläuft. (Proc. Chem. soc. 15, 158—159.)

Carl Neuberg[1] empfiehlt zur quantitativen Ermittelung
des Formaldehyds besonders das Hydrazon, welches dieser
Aldehyd mit dem zuerst von E. Fischer (Ber. dtsch. chem.
Ges. 9, 891) dargestellten p. Dihydrazinodiphenyl giebt. Das
entstandene Methylendiphenylendihydrazon fällt als gelber

---

[1] Ber. 1899, 32. Jahrg., S. 1961.

Niederschlag aus. Man läßt absitzen und filtrirt ohne weiteren Verzug am besten in einen Gooch=Tiegel an der Saug= pumpe, wäscht das Hydrazon erst mit heißem Wasser, dann mit Alkohol und Aether, trocknet bei 90 Grad. Dabei muß der Tiegelinhalt seine hellgelbe Farbe be= wahren.

Nur dann und bei gehöriger Verdünnung erhält man brauchbare Resultate. Letztere ist so zu wählen, daß die Lösung 1 bis 2 Theile Formaldehyd auf 1000 Theile Wasser enthält.

B. Tollens und G. H. A. Clowes[1] fanden im Phloroglucin ein sehr brauchbares Mittel zur gewichts= analytischen Bestimmung sowohl von freiem als auch ge= bundenem Formaldehyd, d. h Methylen in doppelter Sauer= stoffbindung. Das hierbei erhaltene Condensationsproduct ist direct wägbar und bildet sich nach folgender Formel: $C_6 H_6 O_3 + CH_2 O = C_7 H_6 O_3 + H_2 O$. Die Methylen= derivate müssen zu ihrer Bestimmung mit Salz= oder Schwefelsäure bei Gegenwart von Phloroglucin zuvor zerlegt werden.

Das deutsche Arzneibuch bedient sich der schon ange= deuteten Legler'schen Methode zur quantitativen Gehalts= bestimmung folgendermaßen:

Man stellt die Formaldehydlösung genau auf 15 Grad ein, mißt mit Hilfe einer Pipette oder Bürette 5 Cubikcentimeter ab und bringt diese in ein mit gut eingeschliffenem Glas= stopfen versehenes Glas von etwa 120 Cubikcentimeter In= halt. Alsdann giebt man 20 Cubikcentimeter Wasser, sowie 10 Cubikcentimeter Ammoniakflüssigkeit zu, deren Gehalt an Ammoniak bekannt ist, verschließt das Gefäß mit dem

---

[1] B. 32, 1841.

Stopfen, mischt den Inhalt durch und läßt das Ganze mindestens eine Stunde lang stehen.

Während dieser Zeit verläuft die Reaction quantitativ nach folgendem Formelbild:

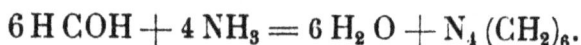

$$6\,HCOH + 4\,NH_3 = 6\,H_2O + N_4\,(CH_2)_6.$$

Formaldehyd. Ammoniak. Wasser. Hexamethylentetramin.

Zu der nach einstündigem Stehen erhaltenen Flüssigkeit werden 20 Cubikcentimeter Normalsalzsäure gegeben, wodurch das freie Ammoniak gebunden wird. Die überschüssige Salz= säure bestimmt man dadurch, daß man 5 bis 10 Tropfen Rosolsäure hinzugiebt und so lange Normalkalilauge zufließen läßt, bis die gelbliche Farbe in Rosa übergegangen ist.

Berechnung: Angewandt wurden 5 Cubikcentimeter der Lösung von Formaldehyd = 5·4 Gramm wiegend, und 10 Cubikcentimeter Ammoniak = 9·6 Gramm. Beträgt der Verbrauch an Kalilauge beispielsweise 4 Cubikcentimeter, so ergiebt sich, daß 16 Cubikcentimeter HCl zur Bindung des noch vorhandenen Ammoniaks verbraucht wurden.

16 Cubikcentimeter Normalsalzsäure sättigen 0·272 Gramm NH_3, da 1 Cubikcentimeter Normalsäure 0·017 Gramm NH_3 entspricht.

Angewendet wurden 0·96. Es sind also zur Bindung des Formaldehyds 0·688 Gramm NH_3 verbraucht worden, woraus sich nach dem Ansatze:

1. $4\,NH_3 + 6\,(HCOH) = 0\text{·}688 : x$
   $x = 1\text{·}820$ Gramm HCOH und

2. $5\text{·}4 : 1\text{·}82 = 100 : x$
   $x = 33\text{·}7$

der Gehalt der Lösung = 33·7 Procent ergiebt.

Der Formaldehyd in der qualitativen und quantitativen Analyse.

Der Formaldehyd, ein Reductionsmittel κατ' ἐξοχήν, findet in der qualitativen Analyse schon längst Verwendung. Der Chemiker benützt ihn zur Abscheidung von Gold aus Goldsalzlösungen, zur Abscheidung von Silber aus Silbersalzlösungen, sowie zum Nachweis von Kupfer und Wismuth. Zu quantitativen Abscheidungen fand Formaldehyd bei Gegenwart von Alkalien erst in jüngerer Zeit Anwendung.

Vanino[1]) führte damit zuerst eine quantitative Abscheidung von Gold aus, indem er zur Goldlösung käufliches Formalin, einige Tropfen Natronlauge fügt und wenige Minuten anwärmt. Auf gleiche Weise ermittelt er den Silbergehalt einer Silberlösung, sowie den Wismuthgehalt einer Wismuthlösung.[2])

Zur Ausführung letzterer Bestimmung erwärmt man die schwach saure Wismuthsalzlösung mit Formalin und einem starken Ueberschuß von 10 Procent Natronlauge auf dem Wasserbade, bis sich die über den Niederschlag stehende Flüssigkeit vollkommen geklärt hat, und erhitzt schließlich wenige Minuten unter erneutem Zusatz von Formaldehyd und Alkali auf offener Flamme. Hierauf decantirt man wiederholt mit Wasser, sammelt die Metallpartikelchen auf einem gewogenen Filter, wäscht mit Alkohol aus und trocknet vorsichtig bei möglichst niedriger Temperatur, da feinst vertheiltes Wismuth sich leicht oxydirt.

Auch zur quantitativen Abscheidung des Silbers aus Chlor, Brom, Jodsilber[3]) und Rhodansilber kann Formal-

---

[1]) Ber. 31, Heft 11, S. 1763, 1898.
[2]) L. Vanino u. F. Treubert, Ber. 31, Heft 9, S. 1303, 1898.
[3]) Ber. 31, Heft 18, S. 3136, 1898.

behyd bei Gegenwart ſtarker Baſen verwendet werden, und
endlich läßt ſich genannter Körper zur Trennung von Chlor
und Job benützen.[1])

Zur Ausführung dieſer Trennung fällt man die Löſung
der Halogene mit Silbernitrat, filtrirt nach dem Abſetzen
unter Decantation mit heißem Waſſer, während man darauf
achtet, daß möglichſt wenig von dem Niederſchlage auf das
Filter kommt. Nach dem vollſtändigen Auswaſchen verſetzt
man den Niederſchlag im Becherglas mit 25 Cubikcentimeter
einer Auflöſung von 50 Gramm Potaſche in 100 Gramm
Waſſer und 5 Cubikcentimeter einer 42procentigen Formal=
behydlöſung und läßt einige Zeit ſtehen, bis keine Kohlen=
ſäureblaſen mehr aus dem Niederſchlage entwickelt werden.
Anfängliches Anwärmen auf 30 bis 40 Grad beſchleunigt
den Proceß ſehr. In der Regel iſt die Reaction in einer
halben Stunde beendigt. Inzwiſchen führt man die auf dem
Filter verbliebenen Antheile durch wiederholtes Aufſpritzen
der auf 40 Grad erwärmten obigen Miſchung in Silber
über, ſo weit ſie aus Silberchlorid beſtanden haben. Dann
filtrirt man unter Decantation mit heißem Waſſer ab, indem
man beachtet, daß möglichſt wenig von dem ſich nicht ab=
ſetzenden Niederſchlage auf das Filter kommt. Nach dem voll=
ſtändigen Auswaſchen löſt man in verdünnter heißer Salpeter=
ſäure auf und filtrirt, nachdem die Flüſſigkeit vollkommen
klar erſcheint. Sollten die auf dem Filter gelöſten Antheile
anfänglich trübe durchlaufen, ſo läßt man ſie ſelbſtverſtändlich
zur Hauptmenge in das Becherglas zurücklaufen. Auf dem
Filter bleibt Jobſilber von gelblicher Farbe mit einem Stich
ins Graue zurück. Dasſelbe wird nach dem Auswaſchen

---

[1]) L. Vanino und O. Hauſer Ber. 32, Heft 18, S. 3615, 1899.

getrocknet, vom Filter möglichst getrennt und in einem Porzellantiegel erhitzt, bis es eben geschmolzen ist. Das Filter wird in einem gewogenen Porzellantiegel verbrannt und der aus Filterasche und Jodsilber bestehende Rückstand direct gewogen. Das ins Filtrat gegangene Silber giebt, mit Salzsäure gefällt und als Chlorsilber gewogen, das ursprüngliche Chlor.

In jüngster Zeit wendet man Formaldehyd auch zur Abscheidung von Kupfer an. Vanino und D. Greb[1]) haben festgestellt, daß die Methode quantitativ verläuft. Die Aus= führung ist einfach. Man erwärmt die Kupfersalzlösung auf dem Wasserbade und setzt successive Formalin und Kalilauge hinzu. Unter heftiger Reaction scheidet sich sofort das Metall in schwammig rothen Massen in der Flüssigkeit ab. Man erwärmt hierauf noch so lange, bis die Flüssigkeit sich voll= kommen geklärt hat, läßt absitzen, saugt den Niederschlag auf dem Gooch ab, wäscht mit formaldehydhaltigem Wasser und Alkohol nach, und trocknet bis zum gleich bleibenden Gewicht bei 80 bis 90 Grad.

Angew. 0.1527 $CuSO_4 5H_2O$ . . . Gef. 0.1529.
„ 0.1527 Cu . . . . „ 0.1519.

Bei Anwendung der Methode zur Bestimmung des metallischen Kupfers im trockenen Kupfercarbonat hat die Ausführung so zu geschehen, daß man das Pulver aufs einste verreibt, die betreffende Menge im Becherglas mit Formalin erwärmt und successive concentrirte Kalilauge hinzufügt.

Bei Schweinfurter Grün ergab die Methode keine über= einstimmenden Zahlen.

---

[1]) Methode ist bis jetzt nicht in der Literatur erschienen.

Der Formaldehyd in der Synthese.

Der Formaldehyd nimmt in der experimentellen Chemie eine bedeutende Stelle ein. Zahlreich sind die Synthesen, die mit demselben ausgeführt werden können. Butlerow[1] war der Erste, der die Condensationsfähigkeit desselben beobachtete. Löw,[2] dem eine hervorragende Stelle in der Geschichte des Formaldehyds zufällt, stellte mit Zuhilfenahme von Kalkmilch, auf Grund genannter Beobachtung, einen Zucker dar, den er Formose nannte.

Diese Entdeckung war von weittragender Bedeutung, denn sie bestätigte glänzend Baeyer's Theorie, nach welcher bekanntlich im Organismus der Pflanze durch Reduction der Kohlensäure unter intermediärer Bildung von Formaldehyd Zucker, beziehungsweise Stärke[3] entsteht.

Löw's Formose ist eine gummiartige, süß schmeckende, nicht gährungsfähige, optisch inactive Masse, welche Fehling'sche Lösung reducirt und mit Phenylhydrazin ein Osazon bildet. Ein als Methose bezeichneter Zucker, der nach E. Fischer nichts anderes als Acrose ist, entsteht ferner nach Löw, wenn man eine Lösung von 40 Gramm Formaldehyd in 4 Liter Wasser mit 0·5 Magnesia und 2 bis 3 Gramm Magnesiumsulfat bei Gegenwart von granulirtem Blei (300 bis 400 Gramm) 12 Stunden lang auf 60 Grad erwärmt.

Tollens[4] und seinen Schülern ist später die Herstellung mehrwerthiger Alkohole mittelst Formaldehyd gelungen. Bei

[1] Annal. 120 (44), 296.
[2] Ber. 22, 475. Ber. 22, 480, Ber. 23, 388.
[3] Ber. 22, 482. Ber. 22, 487.
Für die Richtigkeit dieser Theorie sprechen auch einige pflanzenphysiologische Versuche Th. Bokornys, so z. B. die Bildung von Stärke aus Methylalkohol im Chlorophyllkörper der Algen, ferner die Stärkebildung in den Pflanzen durch formaldehydschwefligsaures Natron. (Lbw. Jhrb. 21. 445.)
[4] B. 17, 657; B. 18, 3309; B. 27, 1088.

diesen Reactionen tritt der Formaldehyd als soge=

nannter Methylenglycol $\begin{matrix} H - \\ H - \end{matrix} C \begin{matrix} - OH \\ - OH \end{matrix}$ in Wechsel=

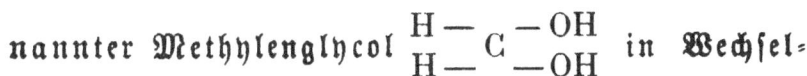

wirkung. Ein Hydroxyl desselben tritt mit je einem Wasserstoff des Aldehyds oder Ketons als Wasser aus, und die Gruppe $CH_2 OH$ an dessen Stelle in den betreffenden Körper ein. Z. B.

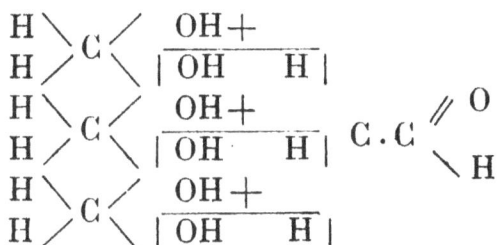

$$\begin{matrix} H \\ H \end{matrix} C \begin{matrix} OH+ \\ \overline{OH} \quad H \end{matrix}$$

Methylenglycol + Acetaldehyd

$$\begin{matrix} CH_2 OH \\ CH_2 OH - C . C \\ CH_2 OH \end{matrix} \begin{matrix} \\ O \\ H \end{matrix} + 3 H_2 O$$

Der so entstandene Complex $C_5 H^{10} O_4$ verbindet sich dann noch mit Wasserstoff in der Weise, daß die Gruppe

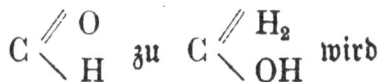

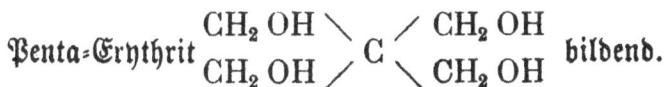

$$C \begin{matrix} O \\ H \end{matrix} \quad zu \quad C \begin{matrix} H_2 \\ OH \end{matrix} \quad wird$$

Penta=Erythrit $\begin{matrix} CH_2 OH \\ CH_2 OH \end{matrix} C \begin{matrix} CH_2 OH \\ CH_2 OH \end{matrix}$ bildend.

Aus Formaldehyd und Aceton wird Anhydroenneaheptit, aus Isobutylaldehyd das interessante Pentaglycol, das letzte noch fehlende Glied der Alkohole des Pentans.

Tetramethylmethan
= Pentan

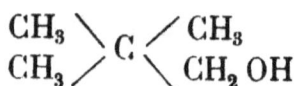

Penta-Alkohol
von Tissier

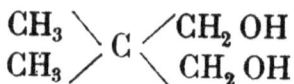

Penta-Glycol
Apel und Tollens

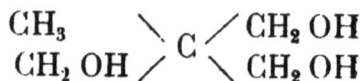

Penta-Glycerin
Hosaeus

und endlich

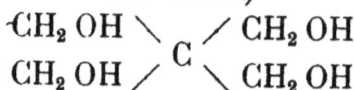

Pentaerythrit. Tollens u. Wigand.

Bei zahlreichen Reactionen reagirt der Formaldehyd in der Weise, daß sein Sauerstoffatom sich mit 2 Wasserstoffatomen der reagirenden Substanz verbindet. Z. B.

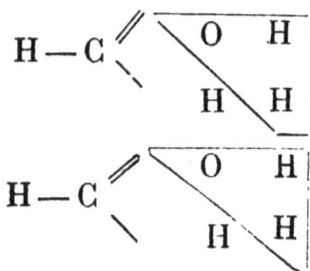

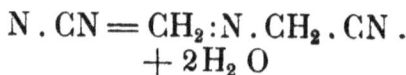

$$N . CN = CH_2 : N . CH_2 . CN .$$
$$+ 2H_2 O$$

Formaldehyd   Cyanammon   Methylenamidoacetonitril.

Auch die mehrwerthigen Alkohole reagiren, wie Schulz und Tollens[1]) nachgewiesen haben, in der Weise und beide Forscher gelangten auf Grund dieser Wechselwirkung zu den sogenannten Formalen, wobei bei den geradwerthigen Alko-

---

[1] Annal. 289, S. 20. Ber. 27, S. 1892. 1893, Annal. 289, S. 20.

holen alle, bei den ungeradwerthigen alle bis auf einen Hydro= xylwasserstoff durch die Methylengruppe ersetzt werden.

Glycerin giebt z. B. 2 Monoformale

I.

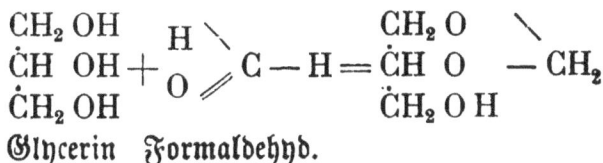

Glycerin   Formaldehyd.

II.

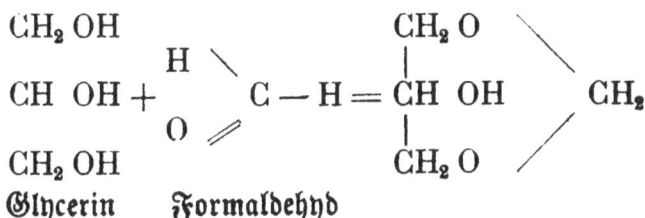

Glycerin   Formaldehyd

Aus Mannit, concentrirter Salzsäure und Formal= dehyd entsteht Mannittriformal von folgender Constitution:

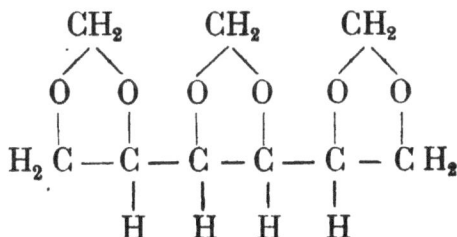

Aus Nitroparaffinen erhält Henry[1]) ebenfalls mehr= werthige Alkohole, wobei die der Nitrogruppe benachbarten Wasserstoffatome durch CH_2 OH-Gruppen ersetzt werden.

---

[1]) Bull. de l'Acad. roy. de Belg. 3 (30) 25.

Z. B.

$$C \begin{cases} H \\ -H \\ -H \\ NO_2 \end{cases} = C \begin{cases} CH_2\,OH \\ -CH_2\,OH \\ -CH_2\,OH \\ NO_2 \end{cases}$$

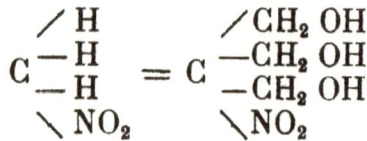

Nitroisobutylglycerin.

Aus Nitroisobutylglycerin hat Piloty [1] Dioxyaceton dargestellt und führt dieser Forscher im Laufe seiner theoretischen Abhandlung aus, daß, falls es gelingen sollte, auf einfachere Weise aus Formaldehyd Dioxyaceton

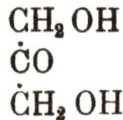

$$\begin{aligned} &CH_2\,OH \\ &CO \\ &CH_2\,OH \end{aligned}$$

zu gewinnen, hiermit ein weiterer Beweis für die Richtigkeit der Baeyer'schen Theorie erbracht wäre. Denn durch Condensation von Dioxyaceton und Glycerinaldehyd, die dabei als Zwischenglieder angesehen werden dürften, wäre eine Fructosebildung im Pflanzenkörper möglich nach der Formel

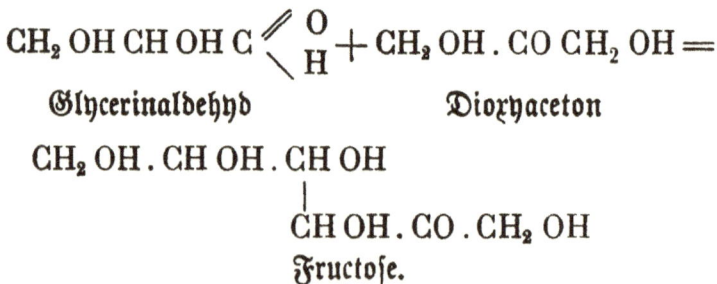

$$CH_2\,OH\,CH\,OH\,C \underset{\diagdown\, H}{\overset{\diagup\!\!\diagup O}{}} + CH_2\,OH\,.\,CO\,CH_2\,OH =$$

Glycerinaldehyd   Dioxyaceton

$$\begin{aligned} &CH_2\,OH\,.\,CH\,OH\,.\,CH\,OH \\ &\qquad\qquad\qquad\quad | \\ &\qquad\quad CH\,OH\,.\,CO\,.\,CH_2\,OH \end{aligned}$$

Fructose.

Nicht unerwähnt möchten wir einige Verbindungen lassen, die Merklin und Lösekann [2] aus Formaldehyd durch Einwirkung von Salzsäure darstellten.

---

[1] Ber. 30, 3168.
[2] D. R. P. Nr. 57621. Ferner Ber. 25 (4), 92.

Bei der Einwirkung von Halogenwasserstoff, besonders Chlorwasserstoff auf Formaldehydlösungen, sei es bei gewöhnlicher Temperatur und gewöhnlichem Druck, sei es bei erhöhter Temperatur und erhöhtem Druck, werden leicht bewegliche Flüssigkeiten erhalten, welche aus zwei verschiedenen, durch gebrochene Destillation trennbaren Flüssigkeiten bestehen, dem Chlormethylalkohol

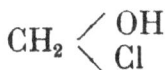

$$CH_2 \diagup{OH} \diagdown{Cl}$$

und dem Oxychlormethyläther

$$O \diagup{CH_2\,Cl} \diagdown{CH_2\,OH}$$

Auf Körper, welche Hydroxylgruppen oder Ammoniakreste enthalten, und besonders auf metallorganische Verbindungen reagiren nun diese erwähnten Präparate leicht und glatt, worauf ihre Anwendung in der chemischen Technik beruht.

Von den aromatischen Verbindungen bietet vor allem Interesse die synthetische Darstellung von Oxyalkoholen, die von Manasse und unabhängig davon von Lederer dargestellt wurden.

Der Mechanismus der Reaction vollzieht sich bei Annahme des Methylenglykols nach folgender Gleichung:

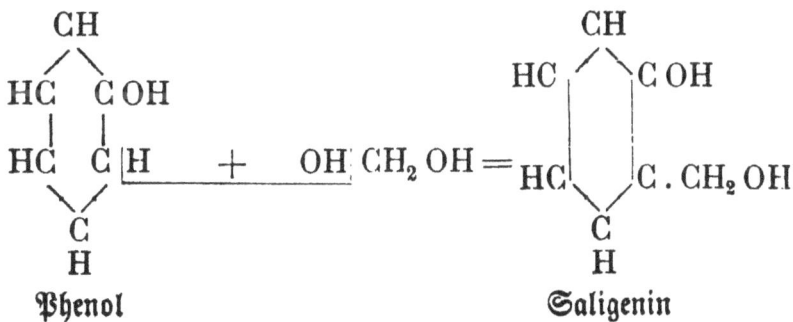

Phenol + OH·CH_2OH = Saligenin

3*

Oxhaldehyde werden nach einem patentirten Verfahren von Geigy & Co. in Basel[1]) mittelst Formaldehyd dargestellt.

Auch eine Darstellung von oxyphenylmethylsulfonsauren Salzen[2]) verdient der Erwähnung.

Wir verweisen noch auf die in neuester Zeit von W. Königs[3]) ausgeführten Arbeiten, dem die Darstellung einer Reihe von Chinolinderivaten mittelst Formaldehyd gelang. So erhielt er durch Einwirkung von Formaldehyd auf Lepidin das γ-Chinolyläthanol $C_9 H_6 N CH_2 (CH_2 OH)$ und das γ-Chinolylpropandiol $C_9 H_6 N CH (CH_2 OH)_2$; ferner hat Methner aus α-Methylchinolin das α-Chinolyläthanol erhalten, und endlich W. Königs, der 2, beziehungsweise 3 Methylolgruppen in den gleichen Körper einführte, gewann α-Chinolylpropandiol und das α-Chinolylbutantriol. Ferner beschrieb der gleiche Forscher Derivate das Benzyllepidins und des Desoxycinchonins, auf deren Literatur wir hiermit aufmerksam machen.

Was endlich die Verwendung des Formaldehyds in der Farbenchemie betrifft, so ist dieselbe mannigfachster Art. Seit einigen Jahren drängt sich in diese Spalte bezüglich der Anwendung genannten Aldehyds Versuch an Versuch, Patent an Patent; sie alle aufzuzählen liegt außerhalb des Rahmens dieser Zusammenstellung, nur auf die markantesten Thatsachen sei hiermit verwiesen.

Vor allem verdient die Synthese der Triphenylmethanderivate Erwähnung. Bekanntlich reagirt 1 Molekül Formaldehyd mit einem Molekül Anilin unter Bildung von Anhydroformaldehydanilin $C_6 H_5 . N : CH_2$, welches in Anilin

---

gelöst und mit salzsaurem Anilin behandelt in Diamidobiphe=
nylmethan übergeht. Letzteres ist von hervorragender Be=
deutung für die Technik, da dasselbe mittelst eines weiteren
Moleküls einer aromatischen Base wie Anilin, beziehungs=
weise Toluidin unter dem Einflusse eines Oxydationsmittels
zu den wichtigen Triphenylmethanfarbstoffen führt.[1])

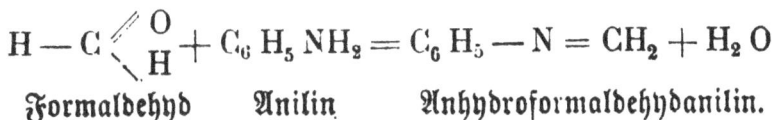

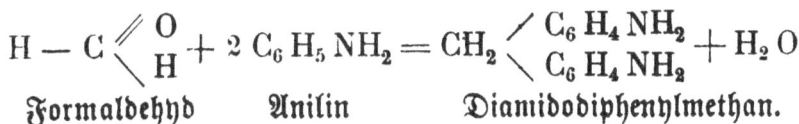

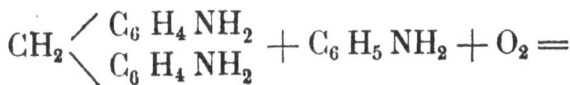

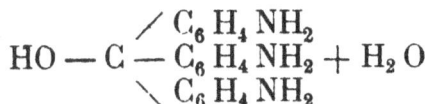

$$H - C {\overset{\displaystyle /\!\!/ O}{\underset{\displaystyle \backslash H}{}}} + C_6 H_5 NH_2 = C_6 H_5 - N = CH_2 + H_2 O$$

Formaldehyd   Anilin   Anhydroformaldehydanilin.

$$H - C {\overset{\displaystyle /\!\!/ O}{\underset{\displaystyle \backslash H}{}}} + 2 C_6 H_5 NH_2 = CH_2 {\overset{\displaystyle / C_6 H_4 NH_2}{\underset{\displaystyle \backslash C_6 H_4 NH_2}{}}} + H_2 O$$

Formaldehyd   Anilin   Diamidobiphenylmethan.

$$CH_2 {\overset{\displaystyle / C_6 H_4 NH_2}{\underset{\displaystyle \backslash C_6 H_4 NH_2}{}}} + C_6 H_5 NH_2 + O_2 =$$

$$HO - C {\overset{\displaystyle / C_6 H_4 NH_2}{\underset{\displaystyle - C_6 H_4 NH_2}{\backslash C_6 H_4 NH_2}}} + H_2 O$$

Pararosanilin.

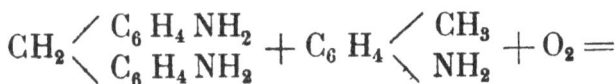

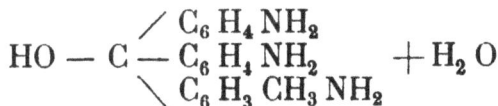

$$CH_2 {\overset{\displaystyle / C_6 H_4 NH_2}{\underset{\displaystyle \backslash C_6 H_4 NH_2}{}}} + C_6 H_4 {\overset{\displaystyle / CH_3}{\underset{\displaystyle \backslash NH_2}{}}} + O_2 =$$

$$HO - C {\overset{\displaystyle / C_6 H_4 NH_2}{\underset{\displaystyle - C_6 H_4 NH_2}{\backslash C_6 H_3 CH_3 NH_2}}} + H_2 O$$

Rosanilin.

Die Condensationsfähigkeit des Formaldehyds erstreckt
sich indessen nicht nur auf Amine, sondern auch auf Phenole,
Nitro=, Amidophenole, Diamine, Oxysäuren, Hydroxylamin=
verbindungen ꝛc. Diese Verbindungen bilden den Gegenstand

[1]) D. R. P. Nr. 53937, 55565, 61146. Vgl. f. Ber. 17.657,
18.3309. Ch. Z. 1899, S. 1089.

einer Reihe für die Technik wichtiger Patente, von denen wir die wichtigsten erwähnen möchten.

Azofarbstoffe.

Bayer & Co.,[1] Eberfeld, gelangen auf einfachem Wege zu genannten Farbstoffen. Dieselben condensiren Nitrokohlen= wasserstoffe mit Formaldehyd, z. B. Nitrobenzol oder Nitrotoluol und erhalten Dinitrodiphenylmethan, beziehungs= weise Dinitroditolylmethan, welche zu Nitroaminen reducirt als Ausgangsmaterialien zur Darstellung von Azofarbstoffen Verwendung finden sollen.

Z. B.:

$$2\,C_6H_5NO_2 + HC\,OH = CH_2 \left\langle \begin{matrix} C_6H_4NO_2 \\ C_6H_4NO_2 \end{matrix} \right. + H_2O$$

Dinitrodiphenylmethan.

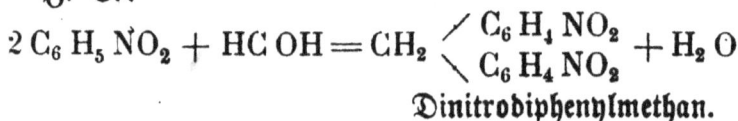

$$CH_2 \left\langle \begin{matrix} C_6H_4NO_2 \\ C_6H_4NO_2 \end{matrix} \right. + 6\,H = CH_2 \left\langle \begin{matrix} C_6H_4NH_2 \\ C_6H_4NO_2 \end{matrix} \right. + 2\,H_2O$$

Nitroamidodiphenylmethan

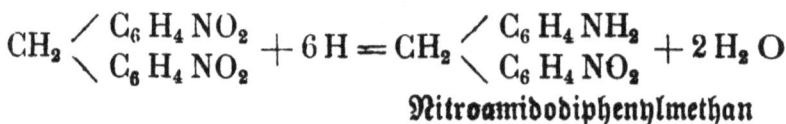

$$CH_2 \left\langle \begin{matrix} C_6H_4NH_2 \\ C_6H_4NO_2 \end{matrix} \right. + Na\,NO_2 + 2\,HCl$$

$$= CH_2 \left\langle \begin{matrix} C_6H_4\,.\,N = N\,Cl \\ C_6H_4NO_2 \end{matrix} \right. + Na\,Cl + H_2O$$

Diazoverbindung.

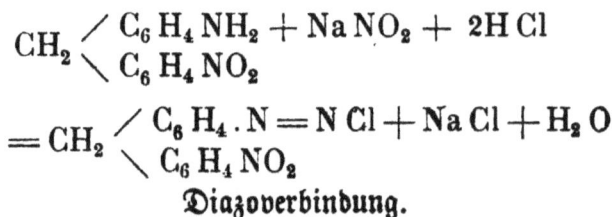

$$CH_2 \left\langle \begin{matrix} C_6H_4N = N\,Cl \\ C_6H_4NO_2 \end{matrix} \right. + C_{10}H_7\,OK$$

β=Naphtolkalium.

$$= CH_2 \left\langle \begin{matrix} C_6H_4N = NC_{10}H_6\,OH \\ C_6H_4NO_2 \end{matrix} \right. + K\,Cl$$

Azofarbstoff.

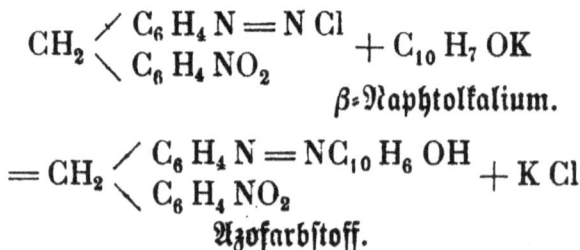

[1] D. R. P. Nr. 67001.

An Stelle von Nitrokohlenwafferstoffen verwendet zum gleichen Zwecke die Firma Meister Lucius & Brünig[1]) Nitrophenole, aus welchen ebenfalls Diphenylmethanderivate entstehen, deren nähere Constitution durch die Schöpf'schen[2]) Arbeiten weiter aufgeklärt wurde. Es existiren

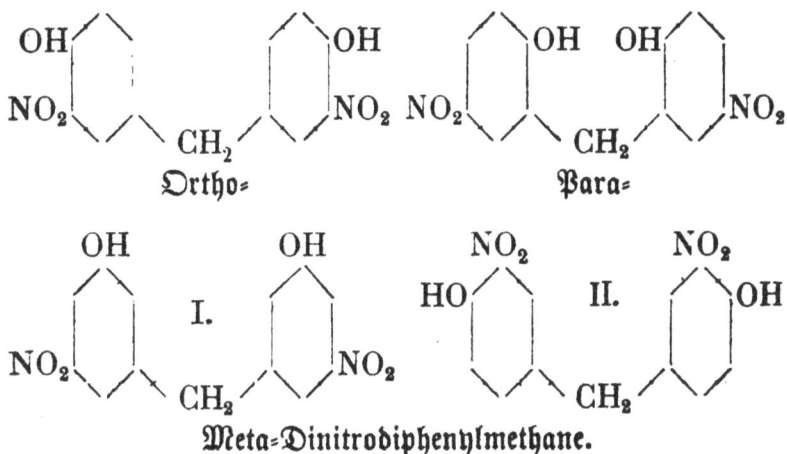

Ortho=   Para=

I.   II.

Meta=Dinitrobiphenylmethane.

Triphenylmethanfarbstoffe.

Rosanilingruppe.

Neben der bereits oben erwähnten Darstellung von Rosanilinfarbstoffen verdienen auch die von Kalle & Co. erhaltenen Condensationsproducte des Formaldehyds mit aromatischen Hydroxylaminderivaten Beachtung, da aus benselben durch Einwirkung von Anilin die Leukobase des Pararosanilins, das Paraleukanilin, hergestellt werden kann.

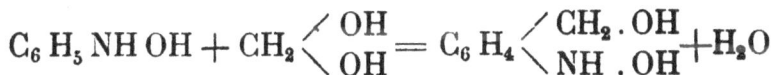

$$C_6H_5NHOH + CH_2 {<}^{OH}_{OH} = C_6H_4 {<}^{CH_2.OH}_{NH.OH} + H_2O$$

Phenylhydroxylamin Formaldehyd p. Hydroxylaminbenzyl-
beziehungsweise Methylenglycol   alkohol

[1]) D. R. P. Nr. 72490.
[2]) Ber. 27, 2321.

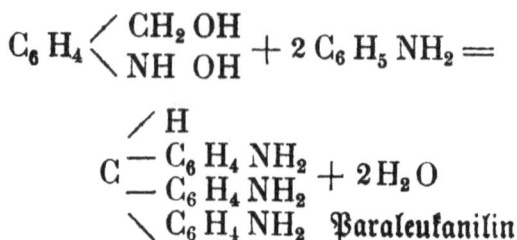

$$C_6 H_4 \Big\langle \begin{array}{l} CH_2\ OH \\ NH\ OH \end{array} + 2\, C_6 H_5\ NH_2 =$$

$$C \Big\langle\!\!\!\!\begin{array}{l} H \\ -\ C_6 H_4\ NH_2 \\ -\ C_6 H_4\ NH_2 \\ \ \ C_6 H_4\ NH_2 \end{array} + 2\, H_2 O \quad \text{Paraleukanilin}$$

Auringruppe.

Geigy in Basel benützt zur Darstellung von Farbstoffen der Auringruppe ebenfalls Formaldehyd und gelangt
durch Einwirkung von genanntem Aldehyd auf Salicylsäure
(1 : 2) bei Gegenwart von concentrirter Salzsäure zu der
bereits von A. von Baeyer 1872 beobachteten Dioxydiphe-
nylmethancarbonsäure, die z. B. mit einem Molekül Kresotin-
säure durch Oxydation in einen Aurinfarbstoff übergeht.

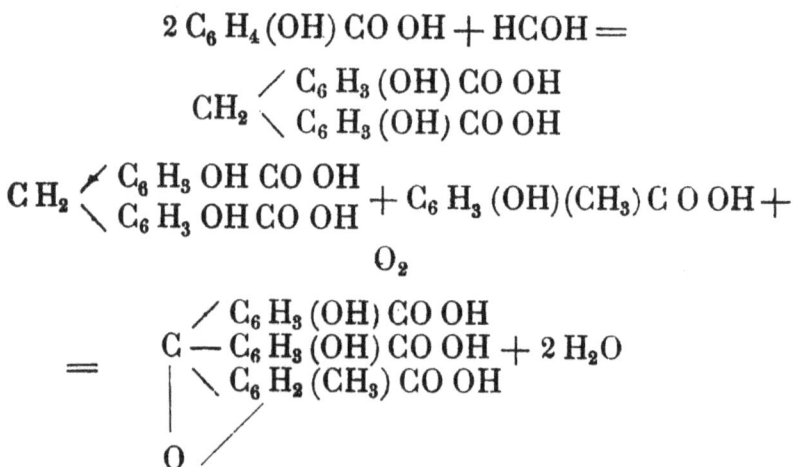

$$2\, C_6 H_4\, (OH)\, CO\, OH + HCOH =$$

$$CH_2 \Big\langle \begin{array}{l} C_6 H_3\, (OH)\, CO\, OH \\ C_6 H_3\, (OH)\, CO\, OH \end{array}$$

$$C\, H_2 \Big\langle \begin{array}{l} C_6 H_3\ OH\ CO\ OH \\ C_6 H_3\ OH\, CO\, OH \end{array} + C_6 H_3\, (OH)(CH_3)\, C\, O\, OH +$$

$$O_2$$

$$= \quad C\!\!\begin{array}{l} \diagup C_6 H_3\, (OH)\, CO\, OH \\ -\ C_6 H_3\, (OH)\, CO\, OH + 2\, H_2 O \\ \diagdown C_6 H_2\, (CH_3)\, CO\, OH \\ \diagup \\ O \end{array}$$

Nach dem gleichen Verfahren hat Caro [1]) noch verschiedene
andere Aurinfarbstoffe erhalten, und benützt derselbe als Aus-
gangsmaterial theils die oben erwähnte Dioxydiphenylmethan-

---

[1]) Ber. 25, 939.

carbonsäure, theils die Methylendigallussäure (Baeyer),[1) welche ebenso befähigt ist, unter Condensation mit einer Oxysäure oder Phenol Aurinfarbstoffe zu bilden.

Akridinfarbstoffe.

Auch Farbstoffe der Akridinreihe darzustellen gelingt mit Zuhilfenahme von Formaldehyd. Durch Condensation aromatischer (m) Diamine mit Formaldehyd, Erhitzen des Condensationsproductes mit Salzsäure und nachheriger Oxydation erfolgt z. B. die Bildung derartiger Farbstoffe nach einem Patente von Leonhardt & Cie.[2) wie folgt.

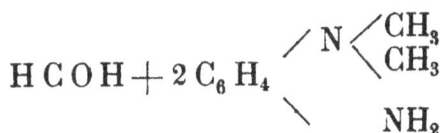

$$HCOH + 2\,C_6H_4 \left\langle \begin{matrix} N\left\langle \begin{matrix} CH_3 \\ CH_3 \end{matrix} \right. \\ \\ NH_2 \end{matrix} \right.$$

m. Amidodimethylanilin.

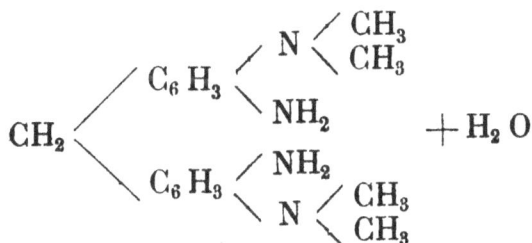

$$CH_2 \left\langle \begin{matrix} C_6H_3 \left\langle \begin{matrix} N\left\langle \begin{matrix} CH_3 \\ CH_3 \end{matrix} \right. \\ NH_2 \end{matrix} \right. \\ \\ C_6H_3 \left\langle \begin{matrix} NH_2 \\ N\left\langle \begin{matrix} CH_3 \\ CH_3 \end{matrix} \right. \end{matrix} \right. \end{matrix} \right. + H_2O$$

Tetramethyltetraamidodiphenylmethan.

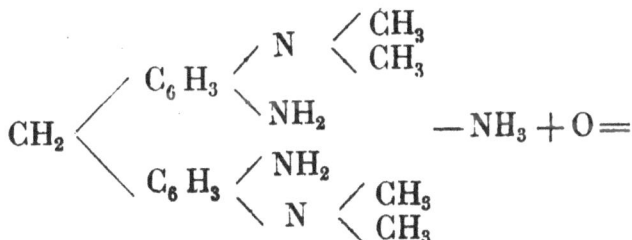

$$CH_2 \left\langle \begin{matrix} C_6H_3 \left\langle \begin{matrix} N\left\langle \begin{matrix} CH_3 \\ CH_3 \end{matrix} \right. \\ NH_2 \end{matrix} \right. \\ \\ C_6H_3 \left\langle \begin{matrix} NH_2 \\ N\left\langle \begin{matrix} CH_3 \\ CH_3 \end{matrix} \right. \end{matrix} \right. \end{matrix} \right. - NH_3 + O =$$

[1) Ber. 5, 1094.
[2) D. R. P. Nr. 52324.

$$CH \Big\langle\begin{matrix} C_6H_3 \\ C_6H_3 \end{matrix}\Big\rangle \begin{matrix} N\big\langle\begin{smallmatrix}CH_3\\CH_3\end{smallmatrix} \\ N\big\langle\begin{smallmatrix}CH_3\\CH_3\end{smallmatrix}\end{matrix} \;+ H_2O$$

Akridinfarbstoff.

In ähnlicher Weise erhält Dr. Ullmann,[1] Genf, durch Condensation von β-Naphtol mit Formaldehyd β-Dioxydinaphthylmethan, welches mit m-Toluylendiamin erhitzt eine Leukoverbindung liefert, welche bei der Oxydation in einen gelben Farbstoff übergeht.

Die Firma Leonhardt & Cie.[2] gelangt endlich zu den sogenannten Pyroninfarbstoffen, ausgehend von den substituirten m-Amidophenolen und Formaldehyd. Die aus diesen Körpern erhaltenen Condensationsproducte bilden ebenfalls durch Oxydation wichtige Farbstoffe.

$$2\,C_6H_4 \Big\langle\begin{matrix} N\big\langle\begin{smallmatrix}CH_3\\CH_3\end{smallmatrix} \\ OH \end{matrix} + HCOH =$$

m-Dimethylamidophenol.

$$CH_2 \Big\langle\begin{matrix} C_6H_3 \\ C_6H_3 \end{matrix}\Big\rangle \begin{matrix} N\big\langle\begin{smallmatrix}CH_3\\CH_3\end{smallmatrix} \\ OH \\ OH \\ N\big\langle\begin{smallmatrix}CH_3\\CH_3\end{smallmatrix}\end{matrix} \;+ H_2O$$

Tetramethylbiamidodioxybiphenylmethan

---

[1] D. R. P. Nr. 104748.
[2] D. R. P. Nr. 5765, 5766.

giebt mit Oxydationsmitteln behandelt

$$\text{CO} \Big< \begin{array}{l} C_6H_3 - N < {}^{CH_3}_{CH_3} \\ \\ C_6H_3 - N < {}^{CH_3}_{CH_3} \end{array} \Big> O$$

einen Pyroninfarbstoff.

Im Anschlusse an die besprochenen Synthesen soll hier noch bemerkt werden, daß der Formaldehyd gerade in letzterer Zeit in der erfolgreichsten Weise in der Synthese Verwendung gefunden hat, woraus hervorgeht, daß demselben noch eine große Zukunft nach dieser Richtung hin beschieden ist.

Die Anwendung des Formaldehyds in der Gerbereitechnik.

Das Hauptverwendungsgebiet des Formaldehyds in der Gerberei ist, wie wir einem Berichte der chemischen Fabrik Seelze-Hannover entnehmen, die Sohlledergerberei, von deren Producten eine bestimmte Steifheit, Festigkeit und Härte verlangt wird. Diese Eigenschaften können dem Sohl= leder auf einfache Weise durch den Formaldehyd ertheilt werden, da dieser das Vermögen besitzt, die Haut dauernd zu härten, und zwar ist diese Härtung eine bleibende, zum Unterschiede der durch Säuren hervorgebrachten, die mit einer Schwellung begleitet ist.

Im Allgemeinen ist der Weg für die Anwendung des Formaldehyds zum Festmachen des Sohlleders folgender:

Die angefärbten und entweder in Sauerbrühen oder in einem künstlich aus Schwefelsäure, Essigsäure oder Milch= säure angestellten Schwellbade aufgetriebenen Häute werden, nachdem man sie von der Schwellbrühe hat abrinnen lassen, in das separat gehaltene Formaldehydbad eingehängt. Beim ersten Anstellen dieses Bades werden auf je 1000 Liter reinen Wassers 2 Liter 40procentigen Formaldehyd enthaltendes Formatol[1]) zugesetzt. Bei weiteren Verwendungen des Bades werden nur 1 bis 1¼ Liter davon zugesetzt. Die Häute bleiben mindestens 24 Stunden in diesem Bade; starke Häute läßt man 48 Stunden darin. Nachdem man so die Fixirung der Schwellung vollzogen hat, können die Häute in beliebiger Weise gegerbt werden; bemerkt sei diesbezüglich, daß so behandelte Häute viel stärkere Gerbstoffbrühen vertragen und daß sie darin viel rascher gerben als sonst.

Für specielle Zwecke finden wir im gleichen Prospect noch einige Winke zur Herstellung von geschwitztem Glanzsohlleder, von Brandsohlleder, von norddeutschem Sohlleder, von Vacheleder, von Blankleder, schwarzem oder gefärbtem Rindsleder, zur directen Umwandlung von Hautblöße in eine Art Leder, das zu Reithosenbesatz, Bandagen, auch für Handschuhe rc. dienen soll.

Als Antisepticum dürfte der Formaldehyd wegen seiner intensiven Einwirkung auf Hautsubstanz in der Lederindustrie nur mit großer Vorsicht Verwendung finden. So soll man zur Hintanhaltung der Fäulniß die Häute nur ganz kurze Zeit 15 bis 20 Minuten in eine 0·2procentige Formatollösung einlegen; auch werden in der Glacégerberei durch Zusatz geringer Mengen Formatol — etwa 0·02 Procent — zu den Läuterwassern Schatten vermieden.

[1]) Als Formatol bezeichnet die Firma „Seelze" sowohl eine 40% wässrige Lösung von Formaldehyd als auch ein Desinfectionsstreupulver (s. S. 10).

Die Verwendung des Formaldehyds in der Papierfabrikation.

Wie Gelatine durch Einwirkung von Formaldehyd die Eigenschaft erhält, unlöslich in warmem oder heißem Wasser zu werden, so können auch leimartige Körper, so z. B. Leim oder Hausenblase diese Eigenschaft annehmen. Nach einem Patente der chemischen Fabriken auf Actien von E. Schering, Berlin,[1]) findet diese Reaction praktische Anwendung, um Gewebe, Fasern, Papier mit Leim oder Gelatinelösung zu tränken und sodann der Einwirkung gasförmigen Formaldehyds aus= zusetzen. So zubereitete Gewebe oder Papiere können überall da Verwendung finden, wo Undurchlässigkeit für Wasser erforderlich ist, z. B. zu antiseptischen Verbänden an Stelle des Guttaperchapapieres, und zwar auch deshalb sehr zweckmäßig, weil Formaldehyd gleichzeitig ein Desin= ficiens ist.

Auf gleiche Weise können nach einem weiteren Patent[2]) derselben Fabriken auch Caseïn, Albumosen und die flüssigen Um= wandlungsproducte des Leimes und der Gelatine mit Formal= dehyd unlöslich gemacht werden, indem man Lösungen von Caseïn mit Formaldehyd versetzt und eindunstet, oder Caseïn= schichten der nachträglichen Einwirkung von Formaldehyd unterwirft, ein Verfahren, das die Papiertechnik zur Fabri= kation von wasserdichten Papieren, von Bunt= und Kunst= druckpapier, um auf denselben eine unempfindliche Oberfläche zu erzeugen, ferner zur Herstellung von sogenanntem Trauer= rand und von Papieren und Tapeten, die abwaschbar sein sollen, verwerthet. Zur Herstellung wird das mit Caseïn= lösung getränkte oder bestrichene Papier der Einwirkung

---

[1]) D. R. P. Nr. 88114, Cl. 8.
[2]) D. R. P. Nr. 99509 und 107637.

von gasförmigem Formaldehyd ausgesetzt und dann ge=
trocknet.

Die Anwendung des Formaldehyds in der Photographie.

An Stelle des früher zum Härten der Gelatineplatten
verwendeten Alauns, welcher den Nachtheil besitzt, daß mit
dessen Lösung behandelte Platten das Eindringen der Chemi=
kalien beim Entwickeln mehr oder weniger verhindern, be=
dient man sich heutzutage vielfach des Formaldehyds, der
die Gelatine härtet, ohne daß dabei deren Durchlässigkeit leidet.

Zur Herstellung solcher selbst in warmem Wasser schwer
löslicher oder unlöslicher Gelatineplatten verfährt man nach
den Patenten[1]) der chemischen Fabriken vormals E. Schering,
Berlin, folgendermaßen: Man taucht die Platten je nach
deren Stärke in 3= bis 5procentige Formaldehydlösungen und
läßt ¼ bis 1 Stunde einwirken. Nach dem Trocknen be=
sitzen die Platten die gewünschte Eigenschaft. Schwach alka=
lische Lösungen fördern hierbei die Härtung, während Säuren
dieselbe herabdrücken. An Stelle des Formaldehyds können
auch Substanzen verwendet werden, die durch gegenseitige
Einwirkung Formaldehyd erzeugen, z. B. Methylalkohol mit
Ozon oder Wasserstoffsuperoxyd 2c. So gehärtete Gelatine
bringen obige Fabriken unter dem Namen Gelatoïd in den
Handel, die Härtungsflüssigkeit nennen sie Tannalin, die
gehärteten Schichten Tannalinhäute. Auch zum Härten von
Trockenplatten, die lichtempfindliche Salze enthalten, bedient
man sich des Formaldehyds. Zu diesem Zwecke badet man
die Platten in einer schwachen Formaldehydlösung und läßt

---

[1]) D. R. P. Nr. 91505.

auf der Platte eintrocknen, ohne vorher mit Wasser zu
spülen. Diese Platten sind gegen warme Lösungen beständig
und leiden auch nicht bei höherer Temperatur, was in den
Tropen von Bedeutung ist.

Nach einem weiteren Patente[1]) soll der Formaldehyd
zur Erhöhung der Lichtempfindlichkeit photographischer Platten
dienen. Man badet die Platten kurze Zeit in Formaldehyd=
lösung und spült sie dann ab, wobei dieselben lichtempfindlich
gemacht werden, ohne daß eine Härtung der Gelatine eintritt.

Anstatt nun fertige Platten der Einwirkung des Formal=
dehyds auszusetzen, kann man, um gleichmäßigere und sichere
Erfolge zu erzielen, nach einem anderen Patente[2]) die
noch flüssige Gelatinelösung mit gasförmigem oder gelöstem
Formaldehyd behandeln und aus der so erhaltenen Gelatine
die betreffenden Gelatineplatten herstellen. Zur Ausführung
setzt man zu 30 Gramm in 200 Cubikcentimeter Wasser
gelöster Gelatine 0·5 Cubikcentimeter Formalin (= 40procentige
Handelslösung) zweckmäßig unter Zugabe von etwas Gly=
cerin, gießt aus und läßt trocknen. Es hat sich hierbei die
merkwürdige Thatsache gezeigt, daß, wenn man warme Gelatine=
lösungen mit wenig Formaldehyd versetzt, die Gelatine nach
dem Eintrocknen vollkommen ihre Löslichkeit in warmem
Wasser eingebüßt hat. Dies ist um so merkwürdiger, als ohne
Eintrocknen die formaldehydhaltige Gelatinelösung ihre Lös=
lichkeit behält. Durch den Zusatz von mehr oder weniger
Formaldehyd hat man es vollständig in der Hand, eine
nach dem Eintrocknen mehr oder weniger in heißem Wasser
lösliche Formaldehydgelatine zu erhalten. Dieser Gelatine können
selbstredend noch andere Zusätze bei Verwendung zu photo=
graphischen Zwecken gemacht werden.

[1]) D. R. P. Nr. 51407.
[2]) D. R. P. Nr. 95270.

Um in alkalischen Entwicklern eine gleichzeitige Gerbung der Gelatineschicht herbeizuführen, wird von verschiedenen Seiten Formaldehyd empfohlen. Es sollen jedoch durch Oxydation des Entwicklers[1]) Färbungen der Gelatine eintreten und deshalb ein solcher Zusatz bei Entwicklern mit Phenolconstitution unter Ausnahme von Paraamidophenol und Methol vermieden werden.

Die Entwickelung selbst wird nach Helheim[2]) und Schwartz Merklin[3]) durch Zusatz von Formaldehyd wesentlich beschleunigt.

Zur Ablösung von Gelatinebildern vom Glase, was z. B. bei zerbrochenen Platten oder beim Umkehren von Negativen in Betracht kommt, wird nach Frank Jellow[4]) folgendes Verfahren empfohlen:

Das Negativ wird 5 Minuten in einer Lösung von 1 Theil Formalin, 2 Theilen 10procentiger Natronlauge und 20 Theilen Wasser gebadet und dann ebenso lang in einer Lösung von 1 Theil Salzsäure in 10 Theilen Wasser. Die Gelatinehaut löst sich ab, und kann in dieser Lage oder verkehrt auf eine Glasplatte übertragen werden.

Ueber das Färben des Gipses durch Behandlung der gebrannten Gipsmasse mit Metallsalzlösungen und Formaldehyd.

Verrührt man gebrannten Gips mit formaldehydhaltigem Wasser und etwas Alkali, und giebt die zur Erhärtung

---

[1]) Eder, Jhb. 97, S. 30.
[2]) Phot. Rdsch. 96, S. 285.
[3]) Phot. Arch. 96, S. 353.
[4]) Brit. Journ. Phot. 1899, p. 750.

des Gipses nöthige Wassermenge, welche ein reducirbares Metallsalz gelöst enthält, hinzu, so erhält man eine vollkommen gleichmäßig gefärbte Gipsmasse. Der Vorgang vollzieht sich in kürzester Zeit, die Erhärtung des Gipsbreies wird in keiner Weise beeinflußt.

Bei der Darstellung einer grau gefärbten Gipsmasse verfährt man z. B. auf folgende Weise:

Man rührt 50 Gramm Gips mit dem 4. Theile seines Gewichtes an, welches einige Tropfen Formaldehyd und Natronlauge enthält, und giebt 10 Tropfen einer $1/_{10}$ Normal=silberlösung, welche man vorher mit der zur Erhärtung des Gipses nöthigen Wassermenge versetzt hat, hinzu. Sofort färbt sich die Masse nach dem Verrühren gleichmäßig perl=grau.

Um rothe oder kupferähnliche, schwarze oder bronze=farbene Töne zu erzielen, lassen sich Gold=, Kupfer= oder Silber=salze, Wismuth oder Bleisalze einzeln oder gemischt benützen.

Dieses Verfahren zum Färben von Gips unterscheidet sich von dem bisher üblichen Verfahren dadurch, daß die Färbung durch Metalle im Entstehungszustande erzeugt und eine außerordentlich feine Vertheilung erzielt wird. Der Vor=theil der Färbemethode liegt darin, daß mit geringen Mengen eines Salzes Färbungen hervorgerufen werden können; außer=dem werden durch diese Art von Färbungen die feineren Conturen der Figuren keineswegs beeinflußt, und ein weiterer und ganz besonderer Vortheil liegt in der ganzen Durch=färbung der Masse, wodurch eine größere Haltbarkeit der Farbe gegen äußere Einflüsse hervorgebracht wird. So wird z. B. ein Abspringen des Farbstoffes, sowie ein Abreiben desselben unmöglich.

Das Verfahren ist in Deutschland patentirt worden (D. R. P. 113456) (Banino).

Die Anwendung des Formaldehyds zur Verarbeitung der Edelmetallrückstände.

Zur Verarbeitung der Edelmetallrückstände eignet sich Formaldehyd [1]) in ganz vorzüglicher Weise. Die Ausführung des Verfahrens ist äußerst bequem, die Abscheidung geschieht durch einfaches Versetzen genannter Rückstände mit Natron- lauge und Formaldehyd. Die Reaction vollzieht sich beim Silbernitrat und Chlorsilber in wenigen Minuten, bei Brom- silber verläuft sie langsamer, bei Jodsilber ist Kochen unerläßlich.

Um z. B. Silber und Gold [2]) aus den Abfällen, wie sie sich hauptsächlich in den Goldschmiedewerkstätten ergeben, zu trennen, behandelt man die sand- und bimssteinhaltigen Rück- stände am besten mit Königswasser, wodurch Gold, eventuell Kupfer in Lösung gehen, während Chlorsilber im Rückstande verbleibt. Das goldhaltige Filtrat wird mit Aetznatron über- sättigt, worauf man die eventuell ausgefällten Oxyde durch Filtration trennt und im Filtrate hiervon das Gold durch Formaldehyd quantitativ ausscheidet. Die chlorsilberhaltigen Rückstände begießt man mit concentrirter Natronlauge und etwas Formaldehyd, wodurch das Chlorsilber in pulver- förmiges Silber übergeführt wird. Man wäscht hierauf mit Wasser bis zum Verschwinden der Chlorreaction aus, und entzieht das Silber den Rückständen durch Erwärmen mit verdünnter Salpetersäure. Die Silberlösung kann man als- dann zur Trockne verdampfen, und auf Silbernitrat ver- arbeiten oder man kann nach der Zugabe von Aetznatron und Formaldehyd wieder metallisches Silber daraus gewinnen.

---

[1]) Pharm. C. B. 40, 1899, S. 53. D. R. P. 102003 Amerik. Pat. 630951 (Banino).

[2]) Ch. Ztg. Jhrg. 24, Nr. 40, S. 509.

1 Kilogramm Chlorfilber bedarf zur Reduction je 300 Gramm 40procentige Formaldehydlöjung und 300 Gramm Natron= lauge.

Die Anwendung des Formaldehyds zur Darstellung von rauchender Salpeterfäure.[1]

Wenn man Formaldehyd auf concentrirte Salpeterfäure einwirken läßt, jo tritt in wenigen Minuten in der Kälte Gelbfärbung ein, und bald entwickeln fich unter einem hie und da auftretenden knatternden Geräufch und ftürmifcher Reaction reichliche Mengen von Stickstoffdioxyd neben etwas Stickstoff.

Diefe Reaction eignet fich nicht nur zur Darstellung von Stickstoffdioxyd, fondern läßt fich auch unter Einhalten gewiffer Bedingungen zur Darstellung von rauchender Sal= peterfäure benützen.

Bekanntlich verfetzt man die Salpeterfäure, um bei der Darstellung genannter Säure eine zu hohe Temperatur zu vermeiden, während die Deftillation mit Kohle, Schwefel oder Stärke, d. h. mit Subftanzen, welche fchon bei ver= hältnißmäßig niedriger Temperatur einen Theil der Salpeter= fäure reduciren. Rafcher und fchon in der Kälte vollzieht fich ge= nannte Reaction bei Anwendung von polymerem Formaldehyd. Verfetzt man nämlich Salpeterfäure mit Paraform, jo bilden fich fchon in der Kälte Dämpfe von Stickstoffdioxyd. Er= wärmt man fchwach zur Befchleunigung auf dem Saudbade, jo tritt fofort Entwickelung von Unterfalpeterfäure ein, welche in Salpeterfäure geleitet ein Präparat liefert, das reichlich Stickftoffdioxyd enthält. Durch diefe Reaction laffen fich auch

---

[1] Ber. 1899. Jhrg. 32. 4. 1392 L. Banino.

ohne Deſtillation der Salpeterſäure nitroſe Dämpfe einverleiben, indem man einfach der Säure nach und nach Paraform zuſetzt.

Der Theorie nach verläuft die Reaction im Großen und Ganzen nach folgendem Formelbilde:

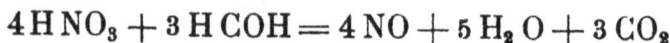

$$4\,HNO_3 + 3\,HCOH = 4\,NO + 5\,H_2O + 3\,CO_2$$

Nebenbei bildet ſich, wie oben ſchon kurz erwähnt, etwas Stickſtoff.

Formaldehyd zum Bleichen von Seide.

Ein Verfahren zum Bleichen von Seide mittelſt Alkali= ſuperoxyd oder Waſſerſtoffſuperoxyd, dadurch gekennzeichnet, daß man den Bleichbädern Alkohole, Aldehyde oder Ketone zuſetzt, um einen erheblich größeren Bleicheffect zu erzielen, wurde der Firma W. Spindler in Berlin patentirt.

Zur Erläuterung des Verfahrens diene folgendes Beiſpiel: In einem geſchloſſenen, mit Rückflußkühler verſehenen Gefäße erhitzt man 5 Kilogramm gelbbaſtige rohe Seide von be= liebigem Draht mit 10 Kilogramm Waſſerſtoffſuperoxyd des Handels von 3 Procent und 10 Kilogramm Aceton oder einem Alkohol, oder einem Aldehyd nebſt der nöthigen Menge Ammoniak, um die Säure des Waſſerſtoffſuperoxyds zu neutraliſiren, eine Stunde zum Siedepunkt. Nach dieſer Zeit wird die Seide weißer als die gleichwerthige Weißbaſtſeide ſein, ohne merklichen Verluſt.

Die Anwendung von Formaldehyd zum Beſchweren von Seide.[1])

Ein derartiges Verfahren iſt der chemiſchen Fabrik auf Actien (vormals E. Schering) patentirt worden. Daſſelbe

---

[1]) D. R. P. Nr. 106958.

erlaubt selbst ohne Anwendung der früher üblichen metalli=
schen Beizen eine Beschwerung der Seide um 30 bis 50 Pro=
cent, dieselbe erhält dabei einen ungemein hohen Glanz, so=
wie den krachenden Griff, wird im Faden bedeutend kräftiger
und läßt sich deshalb leichter spulen.

Das Verfahren wird in folgender Weise ausgeführt.

1. Bei Verwendung von Albumin.

a) Man setzt zu einer Lösung von 300 Gramm Eier=
albumin in 5 bis 8 Liter Wasser eine Formaldehydlösung,
welche durch Verdünnung von 100 Gramm 40procentiger
Formaldehydlösung mit 8 Liter Wasser hergestellt ist. Durch
die erhaltene Mischung wird die begummirte und entwässerte
Seide acht= bis zehnmal hinburchgezogen. Hierauf windet man
aus, läßt 1 Stunde liegen, und wiederholt dann die Passage
noch zweimal, worauf man wieder auswindet und trocknen
läßt. Hierauf folgt eine Arivage, wie üblich. Alsdann wird
die Seide getrocknet und chevillirt. Man erhält auf diese
Weise einen Beschwerungssatz von 30 Procent.

b) Bei Anwendung von 400 Gramm Eieralbumin
und 150 Gramm Formaldehyd bei gleicher Verdünnung wie
im vorhergehenden Beispiel, erhält man eine Gewichtszunahme
der Seide um 40 Procent.

c) In einem Beschwerungsbade von 500 Gramm Albumin,
gelöst in 5 bis 8 Liter Wasser und 200 Gramm Formalin, ver=
dünnt mit 4 bis 6 Liter Wasser, erhält man, wenn man die Seide
jedesmal nach der dritten und vierten Passage in dem Bade
1 Stunde liegen läßt, einen Beschwerungssatz von 50 Procent.

2. Bei Verwendung von Gelatine und Albumin.

1 Kilogramm Gelatine wird mit 10 bis 13 Liter Wasser
unter Ersatz des Wassers 2 Tage gekocht, hierauf 1 Kilogramm

10procentige Albuminlösung nach dem Erkalten zugesetzt, 200 Gramm verdünnte Formaldehydlösung zugefügt, und wie bei 1 c) behandelt. Die Gewichtszunahme beträgt 50 Procent.

Man kann auch, zwar nicht so vortheilhaft, die Lösungen der Eiweißkörper ohne Zusatz von Formaldehyd auf die Faser bringen und die ganz oder theilweise trockene Schicht der Einwirkung von gelöstem oder gasförmigem Formaldehyd aussetzen.

Nach der Beschwerung der Faser mit Formaldehyd-Eiweißkörpern kann gegebenenfalls behufs weiterer Beschwerung die getrocknete Faser ohne Arivage mit den gebräuchlichen Mitteln behandelt werden, z. B. mit Chlorzinn und phosphorsaurem Natron oder anderen Beizen, wie sie verschieden in der Färberei im Gebrauch und mehr oder minder bekannt sind.

Die Anwendung des Formaldehyds bei der Darstellung künstlicher Blätter.

Die Darstellung besteht darin, daß man das nachzuahmende natürliche Blatt, während es noch frisch ist, in Gelatine eintaucht oder mit Gelatine übergießt. Der Gelatine ist vorher die der Farbe des Blattes entsprechende Farbe gegeben worden. Nach einigen Stunden ist die Gelatine trocken geworden und springt dann von selbst von beiden Seiten des Blattes ab, so daß zwei künstliche Blätter entstehen, welche selbst die feinsten Adern des benützten natürlichen Blattes zeigen, ja sogar den, dem Blatte eigenthümlichen Schiller wiedergeben, da die Gelatine den feinen Pflaum vom natürlichen Blatte abgenommen hat. Die so hergestellten künstlichen Blätter können dann durch Behandeln mit Formaldehyd gehärtet werden.

Dieses Verfahren ist Patent der vereinigten Gelatine-Gelatoïdfolien und Flitterfabriken A. G. in Hanau.

Ueber Conservirung von Nahrungsmitteln mit Formaldehyd.

Die ersten Versuche darüber stammen von Ludwig.[1] Derselbe billigt jedoch die Verwendung zu genanntem Zwecke nicht, da er die Schädlichkeit des Formaldehyds auf den menschlichen Organismus, wie dies die in neuester Zeit ausgeführten Versuche Bruns'[2] bestätigen, voraussah.

Weigle und Merkel[3] beobachteten, daß Formaldehyd (1 : 5000) Milch bei 25 Grad über 100 Stunden, (1 : 1000) über 50 Stunden haltbar macht. Fleisch, das in Tücher, die mit einer Formaldehydlösung (1 : 5000, beziehungsweise 500) getränkt waren, eingehüllt wurde, hielt sich im Sommer 3 bis 6 Tage frisch. Auch Samuel Rideal[4] erwähnt, daß durch 1 Theil Formaldehyd 100.000 Theile Milch 7 Tage lang conservirt werden können, und ist dasselbe in solcher Verdünnung nach Ansicht dieses Verfassers völlig ungiftig. Aus Bevan's[5] Abhandlung entnehmen wir, daß mit 4 Tropfen Formalin 100 Cubikcentimeter Milch 6 Wochen lang conservirt werden können, was bei Proben zu berücksichtigen wäre. Verfasser wendet jedoch dagegen ein, daß in Folge einer Umwandlung von Milchzucker in Galaktose eine Erhöhung der Trockensubstanz zu bemerken ist. Koslowki[5] theilt mit, daß er frisches Fleisch durch Formaldehyddämpfe nicht conserviren konnte, wohl aber lassen sich gekochtes Fleisch, Eier, Fische, Kartoffeln in einer sehr verdünnten Formal-

[1] Ztschr. f. Nahrgsm. und Hyg. 8, 194.
[2] Ann. di Farm. 1899, 324.
[3] Forschb. über Lebensm. u. Bez. z. Hyg. 95, 91.
[4] The an. 20, 157.
[5] The an. 20, 152.

dehydlöfung (0·01 Gramm im Liter) 6 Tage lang unver=
ändert aufbewahren. Nach Jablin=Gonnet und Raczowski[1])
werden Wein und Bier durch einen Zufatz von 0·5 Milli=
gramm Formaldehyd pro Liter vor weiterer Zerfetzung be=
wahrt, bei ftärkerem Zufatz wird jedoch der Farbftoff der
Flüffigkeiten gefällt. Für eingekochte Früchte empfiehlt Erfterer
0·1 Formaldehyd pro 1 Kilogramm.

Ueber die Conservirung von Pflanzen und Pflanzen= theilen mittelft Formaldehyd.

Löw beobachtete die conservirende Wirkung des Formal=
dehyds bei Pflanzen.[2]) Cohn[3]) verfuchte diefe Eigenfchaften
dahin auszunützen, daß er denfelben als Conservirungsmittel
zur Aufbewahrung von pflanzlichen Objecten für botanifche
Sammlungen und Mufeen an Stelle des Alkohols verfuchs=
weife in Anwendung brachte. Die Refultate fielen durchaus
günftig aus. Wortmann[4]) hat probeweife Blüthen, Blatt=
ftiele und Blätter von einer rothblühenden Primula sinensis
1¹/₄ Jahre lang aufgehoben, und zwar mit vorzüglichem Er=
folge, indem die Objecte gut confervirt blieben, beim
Herausnehmen ohne Fäulniß waren, keinerlei Schimmel=
bildung fich eingeftellt hatte und die Präparate fich voll=
kommen frifch und turgefcent anfühlten. Nur der grüne
Farbftoff blieb nicht erhalten, ebenfo wenig wie der rothe
der Blüthen.

---

[1]) Loebifch, Neuere Arzneim., S. 9.
[2]) Mitth. b. Morphol. und Phyf. Gef. in München 1888.
[3]) Botanifche Zeitung Nr. 5, 1894.
[4]) Bot. Centr.=Blatt Nr. 1, 1894.

Zur Conservirung von anatomischen Präparaten etc.

Um Leichentheile zu conserviren, welche zur Präparation von Nerven und Gefäßen dienen sollen, wird nach Jores[1]) und einem Berichte der Deutschen medicinischen Wochenschrift[2]) folgende Mischung empfohlen:

Formalin 2 bis 10 Theile, beziehungsweise 1 bis 5 Theile, Natriumsulfat 2 Theile, Magnesiumsulfat 2 Theile, Natriumchlorid 1 Theil, Wasser 100 Theile.

Nach Kaiserling[3]) soll folgende Lösung noch bessere Dienste leisten:

Formalin 25 Theile, Kaliumnitrat 1 Theil, Kalium= acetat 3 Theile, Wasser 100 Theile.

Zur Conservirung von Eingeweidewürmern (Taenia, Distoma, Ascaris) verwendet Barbagallo[4]) 1procentige Formaldehydlösung unter Zusatz von 0·75 Natriumchlorid. Auf diese Art aufbewahrte Parasiten schrumpfen nicht ein, verändern die Farbe nicht und halten sich gut.

Harnsedimente conservirt Gumbrecht[5]) mit 2= bis 10procentigen Formaldehydlösungen. Bei Blut verwendet er zuerst Quecksilberchlorid (1 : 20) und dann Formalin.

Um Blutflecken zu conserviren, beziehungsweise zu fixiren, ist nach Giustiniano Todechini[6]) Formaldehyd sehr geeignet. Die Flecke ergeben selbst nach 2 Monaten noch schöne Häminkrystalle.

---

1) Pharm. C. 96, 636.
2) D. med. W. 1900, Blg. 71.
3) D. med. W. 96, 21 und 143.
4) Pharm. C. 99, 709.
5) Pharm. C. 96, 680.
6) Boll. Chim. 37, 642.

Im Allgemeinen lassen sich die conservirenden Eigenschaften des Formaldehyds nach Blum[1]) wie folgt zusammenfassen:

Formaldehyd härtet thierische Objecte, ohne daß sie ein-schrumpfen und ohne daß ihre mikroskopische Structur und Färbbarkeit leidet. Darin aufbewahrte Thiere halten großen-theils ihre Form und Farbe, besonders das Auge bleibt wesentlich klarer als in Alkohol. Das Mucin schleimabson-dernder Thiere gerinnt nicht und bewahrt seine Durchsich-tigkeit. Der Blutfarbstoff wird nach Zusatz von hochpro-centigem Alkohol besonders schön wieder hervorgehoben. Pflanzliche Gebilde werden mit Ausnahme der Früchte mehr oder weniger gut conservirt.

Die Anwendung des Formaldehyds in der Medicin.

Verwendung im Allgemeinen.

Die antiseptische Wirkung des Formaldehyds ist nach Valude[2]) dem Sublimat gegenüber mehr eine dauernde und verwendet es dieser Forscher in der augenärztlichen Praxis sowohl zur Aufhaltung von Infectionen als auch zum Steri-lisiren von Augenwässern. Eserin- und Atropinlösungen bleiben mit einer Formaldehydlösung (1:2000) versetzt, länger als einen Monat keimfrei.

Winkel benützt 1- bis 2procentige Formalinlösungen zu Spülungen bei acutem und chronischem Katarrh der Scheide.

Zu Einpinselungen bei Schweißfüßen verwendet Adler[3]) reines Formalin; eine Pinselung einmal täglich, zwei- bis dreimal wiederholt, soll gute Dienste leisten.

---

[1]) Pharm. C. 96, 534.
[2]) Loebisch, N. Arzneimittel, 1895.
[3]) Pharm. C. 96, 849.

Um Catgut zu sterilisiren, bedient sich Vollmer[1]) einer
2procentigen Lösung von Formaldehyd.

Weitere Angaben über diesen Gegenstand finden wir in
Merk's Jahresbericht 1899, aus welchem wir Folgendes
anführen:

Fell[2]) gelang es, die puerperale Septikämie durch intra=
vaginale Application von Tampons zu bekämpfen. Dieselben
waren mit einer Lösung getränkt, die 4·0 Formaldehyd auf
180 Cubikcentimeter Wasser enthielt. Hahn[3]) erzielte bei
chronischen, tuberculösen Gelenkaffectionen, Empyem und
tuberculösen Abscessen durch Injection von 1procentigem
Formaldehydglycerin weit bessere Resultate als mit Jodoform=
glycerin. Max Feely[4]) bediente sich mit Vortheil der Injec=
tionen vom Formaldehyd (5 bis 10 Tropfen) einer
30procentigen Lösung in einem inoperablen Falle von Larynx=
epitheliom. A. Bronner[5]) behandelt Ozäna mittelst Ein=
spritzung oder Verstäuben von 1= bis 2procentigen Formaldehyd=
lösungen, welche anfänglich drei= bis viermal täglich, später zwei=
bis dreimal in der Woche applicirt wurden. Nach Wolffberg[6])
besitzen wir in einem Gemisch von 2 Theilen weißen Thones
und 1 Theil 5procentiger Formaldehydlösung ein gutes
Mittel gegen Hornhautgeschwüre. Diese Paste wurde zu Be=
ginn der Behandlung dreimal täglich, später in größeren
Zwischenräumen direct auf die Geschwüre gebracht, und
darüber ein trockener Occlusivverband angelegt. H. Brat[7])

[1]) Pharm. C. 1900, 99.
[2]) Austr. Med. Gazette 99, No. 210, p. 102.
[3]) Centlbl. f. Chirurg. 99, Nr. 24.
[4]) Brit. Med. Journ. 99, No. 2013, p. 273.
[5]) Brit. Med. Journ. 99, No. 2024, p. 999.
[6]) Semaine méd. 99, No. 19, p. 152.
[7]) Semaine méd. 1899, No. 44, p. 352.

heilt Empyeme des Sinus maxillaris durch täglich ange=
wandte Spülungen mittelst 1%/ₒₒiger Formaldehydlösung.
Derselbe Autor bedient sich bei fötider Otorrhoe mit gutem
Resultate einer 2= bis 4procentigen, mit 1 Procent Cocaïn
versetzten Formaldehydlösung, die er in das erkrankte Ohr
eingießt. Wie Hirschfelder[1]) berichtet, bilden mit 50procentigen
Alkohol versetzte Formaldehydlösungen ein vortreffliches
Palliativmittel gegen die Nachtschweiße der Phthisiker, wenn
man nur die Vorsicht gebraucht, die hauptsächlich von der
Schweißsecretion befallenen Stellen nicht auf einmal, sondern
mit täglichen Intervallen, eine nach der anderen, rasch zu be=
pinseln und dann zu bedecken, um die Kranken vor den irriti=
renden Dämpfen des Formaldehyds zu schützen. G. Daniel[2])
verwandte concentrirten Formaldehyd mit dem besten Erfolge
zur Beseitigung von Warzen und Narbengewebe, sowie zur
Bekämpfung anderer epithelialer Erkrankungen wie Sycosis
vulgaris, Lupus 2c.

Nach Stanelletti[3]) scheint der Formaldehyd bei
malignen exulcerirten, inoperabeln Tumoren, speciell bei exul=
cerirten Uterustumoren wirksam zu sein. B. Cervello
empfiehlt unter den Namen „Jgazol" eine Mischung von
Formaldehyd, Trioxymethylen und einer Jodverbindung zu
Inhalationen bei Tuberculose. Maguire behandelt Tuber=
culose mit vortrefflichem Erfolg durch täglich applicirte,
intravenöse Injectionen von 50 Cubikcentimeter einer etwa
0·5%/ₒₒigen Formaldehydlösung. Im Laufe der Behandlung
wird die Injectionsflüssigkeit allmählich verstärkt und bis
zu einem Gehalt von 0·5 Procent an Formaldehyd gebracht.

---

[1]) Semaine méd. 1899 No. 46, pp. 301.
[2]) D. med. W. 99, Nr. 49; Therap. Beilage Nr. 12, S. 84.
[3]) E. Merk, Jahresbericht 1900.

Zur Behandlung der Saprophytien der Haut, wie Erythema und Pityriasis versicolor wird von Unna[1]) neuerdings das Formalin herangezogen. Er verwendet dazu das Paraformcollodium als Einpinselung größerer Flächen in folgender Formel:

Rp. Paraformii 2
F. plv. subtil. tere c.
Spir. aeth. 2
adde Collodii ricinati 16.

Auch für die noch immer räthselhafte Pityriasis rosea empfiehlt er die gleiche Behandlung und Abtheilung mittelst Zinksalbe und Vaselin als eine ebenso einfache als prompt wirkende Methode. Zur Nachcur sind Waschungen mit 5procentiger Formaldehydseife zu empfehlen.

In der Zahnheilkunde[2]) verwenden Andrée und Marion ein Gemisch folgender Zusammensetzung zur Behandlung von Caries des dritten und vierten Grades mit günstigem Ergebniß:

Rp. Formaldehydi (40%) 40,0
Olei Geranii essentialis
Alkoholi āa   20,0

Das „Formol=Geranium" wird mittelst Wattefäden in die Wurzelcanäle und in die Pulpakammer eingeführt. In vielen Fällen genügt schon eine einzige Einlage.

In der Thierarzneikunde soll Formalin mit besonderem Vortheile zur Bekämpfung der Maul= und Klauenseuche (Reinigung des Maules und der Klauen mit $1/_2$procentiger

---

1) M. meb. W. Nr. 3, 1901.
2) E. Merk, Jahresbericht 1900, S. 100.

Formalinlösung, Waschen der Wunden mit $1/5$procentiger Lösung, Desinfection des Stalles mit Formalin) und zur Heilung des Hufkrebses (Verb. mit 5 Procent Formalinlösung) Anwendung finden.

Was die physiologischen Wirkungen des Formaldehyds betrifft, so hat G. Bruni[1]) constatirt, daß vollkommen neutrales Formaldehyd vom thierischen Organismus ziemlich gut vertragen wird, im Gegensatze zum Formaldehyd des Handels, das saure Reaction hat. Innerlich genommen ruft Formaldehyd auch in verdünnten Lösungen Erbrechen hervor, bei mehrtägigem Eingeben von ungiftigen Dosen tritt auch bei sehr verdünnten Lösungen Verhärtung der Gewebe ein.

Nach Trillat's[2]) Angaben ist seine Giftigkeit gering. Einem Meerschweinchen können 0·669 subcutan injicirt werden, ohne daß dasselbe Schaden leidet. Kleinere Thiere jedoch — wie Asseln, Würmer, Mollusken — gehen schon in einer 0·5procentigen Lösung zugrunde.[3])

Als Gegenmittel bei Formaldehydvergiftungen empfiehlt André[4]) Liqu. Ammonii acetici.

Verwendung als Desinfectionsmittel.

Die bakterientödtende Kraft des Formaldehyds ist bald erkannt worden. Löw[5]) und Fischer, später Buchner, Trillat,[6]) Aronson haben die stark giftigen Wirkungen

---

1) C. C. 1900, I, 51.
2) Löw, Ueber das natürliche System der Giftwirkungen. München 1893.
3) Journ. Pharm. Chim. (5), 29, 537.
4) Journ. Pharm. Chim. 10, 10.
5) J. pr. Ch. 33, 221.
6) M. Med. W. 1889, Nr. 20.

in der Medicin.

desselben auf Bakterien experimentell bestätigt, indem sie
Typhusbacillen mit einer Formaldehydlösung (1 : 20.000)
vernichten konnten.

Durch diese Beobachtungen war die Anwendung des
Formaldehyds als wirksames Desinfectionsmittel für die
Praxis gegeben und ist dasselbe seit 1892 in den Arznei=
schatz als Desinficiens aufgenommen.

Die ersten praktischen Versuche damit machte Aronson.[1]
Ihm folgte Dr. Blum,[2] der in einem Circulare der
„Höchster Farbwerke" die gründliche Desinfection von
Krankenzimmern näher beschreibt und erwähnt, daß durch
Besprengung der Gegenstände mit 2 procentigen (Formol=)
Formalinlösungen und einer Einwirkungsdauer von 5 Stunden
Diphtheriekeime vollkommen unschädlich gemacht werden können.
— Aus einem weiteren Prospecte der chemischen Fabriken
E. Schering, Berlin, entnehmen wir, daß Formaldehyd=
lösungen (1 : 750) selbst Milzbrandsporen in $1/4$ Stunde
völlig abtödten. Stahl,[3] der zu seinen Versuchen Milz=
brandbacillen verwendet, findet, daß bei Verdünnungen
(1 : 60.000) das Wachsthum derselben verlangsamt und daß
dieselben in einer Lösung (1 : 10.000) in $1/4$ Stunde sicher
getödtet werden.

Aus den Experimenten Lehmann's[4] geht hervor, daß
derselbe Kleider, Lederwaaren, Bürsten und Bücher mit voll=
kommener Sicherheit desinficirt, indem er die Gegenstände
in mit Formalin getränkte Tücher einschlägt. 30 Gramm
Formalin genügten zur Desinfection eines completen Männer=
anzuges.

[1] C. f. Bakt. 1892.
[2] Pharm. C. 1896, 188.
[3] Journ. Pharm. Chim. (5), 29, 537.
[4] M. med. W. 93, Nr. 30.

Van Ermengen und Sugg[1]) bestätigen die prompte Desinfectionswirkung im Kleinen, während im größeren Maßstabe zu viel Desinfectionsmittel verbraucht werden. Die gute Wirksamkeit des Formaldehyds gegen Bakterien bewahrheitet auch Walter,[2]) welcher constatirt, daß in Concentrationen 1:10.000 jedes Wachsthum von Milzbrand, Cholera, Typhus, Diphtherie, Staphylocc. pyog. aur. aufhöre; noch intensiver wirke eine alkoholische Lösung.

Um Fäces augenblicklich zu besodoriren, genüge eine 1procentige Lösung, um sie keimfrei zu machen, eine 10 Minuten lange Einwirkung einer 10procentigen Lösung. Zur Desinfection von Ledersachen und Uniformen sei Formaldehyd jedem anderen Desinfectionsmittel vorzuziehen.

Wenn nun auch, wie beim Sublimat, die Angaben über antiseptische und desinficirende Eigenschaften schwanken, so ist der Formaldehyd zur Reinigung der Hände bei chirurgischen Operationen in 1procentigen Lösungen, zum Aufbewahren von Schwämmen und Instrumenten in 3procentigen Lösungen besonders zu empfehlen.

Von Vortheil ist ferner nach Schering's Angaben die Verwendung des Formalins in sehr verdünnter Lösung zum Ausspülen und Reinigen von Gefäßen und Geräthschaften in Nahrungsmittelbetrieben, wie z. B. Molkereien, Käsereien, Wein- und Bierkellereien 2c.

Zur besseren Uebersicht und zum Vergleiche mit den Eigenschaften der übrigen Desinfectionsmittel lassen wir eine Tabelle von M. Kirchner aus seinem „Grundriß der Militärhygiene" folgen:

---

[1]) Arch. d. Pharm. f. Bakt. 19 (Abth. I) 91, Genf.
[2]) Z. Hyg. 21, 421.

Desinfections- mittel	Concentra- tion	Objecte	Die zur Abtödtung nöthige Zeit
Sublimat	1 : 20.000	Milzbrandsp.	10 Minuten
	1 : 1000	„	1 Minute
Argent. nitric. . .	1 : 12.000	„	70 Stunden
	1 : 4000	Chol., Typh.	2 „
	1 : 2500	Diphtherie	2 „
Ac. hydrochlor. .	2 : 100	Milzbrandsp.	10 Tage
Ac. sulfuric. . . .	2 : 100	„	53 „
	15 : 100	„	8 „
Ferr. chlorat. . .	5 : 100	„	6 „
Chlorkalk	5 : 100	„	5 „
Kal. permang. . .	5 : 100	„	1 „
Aetzkalk	0·0246 : 100	Cholera	6 Stunden
	0·0074 : 100	Typhus	6 „
Ac. carbolic. . . .	3 : 1000	Staphyl. u. Streptococc.	8—11 Secunden
	10 : 100	Milzbrandsp.	24 Stunden
Lysol	1 : 100	„	5 Minuten
	1 : 100	Fast alle pathg. Keime	Binnen 30 Minuten
Formalin (40%)	3 : 100	Milzbrandsp. u. alle and. pathg. Keime	— 15 „ 1 Minute

Was nun den Formaldehyd vor vielen anderen Des-
infectionsmitteln besonders auszeichnet, ist seine Anwendung
in Gasform, wie dieselbe bei der Wohnungsdesinfection
in Betracht kommt.

Nach Art der Gasentwickelung sind folgende Verfahren
zu unterscheiden:

1. Entwickelung aus Methylalkohol mittelst eigens hierzu constuirter Lampen.

2. Entwickelung aus wässerigem Formaldehyd (ohne oder mit Wasserdampf).

3. Entwickelung aus wässerigem Formaldehyd bei Gegenwart von Chlorcalcium = Formochlorol.

4. Entwickelung aus wässerigem Formaldehyd bei Gegenwart von Glycerin = Glykoformal.

5. Entwickelung aus Formaldehyd in Methylalkohol, unter Zusatz von 5 Procent Menthol = Holzinol.

6. Entwickelung aus polymerem Formaldehyd, sogenanntem Paraform oder Trioxymethylen.

7. Entwickelung aus polymerem Formaldehyd in einer Kohlenhülse = Carboformal.

1. Der von Trillat[1]) zur Erzeugung gasförmigen Formaldehyds aus Methylalkohol zuerst angewandte Apparat hatte die Form eines Pulverisators oder einer Art Lampe, der sogenannte Trillat'sche Autoclav, und konnte man in demselben 5 Kilogramm Methylalkohol in Formaldehyd verwandeln. Seine Versuche waren befriedigend, er beobachtet dabei keine schädigenden Einflüsse auf Metalltheile, wohl aber sollen Stoffe, die mit Anilinfarben gefärbt waren, durch die Einwirkung des Gases an Farbe einbüßen.

Bei seinen späteren Versuchen mit Roux,[2]) die ganz der Großdesinfection angepaßt waren, erreicht er ebenfalls eine vollständige und sichere Desinfection und kann auch keine Gesundheitsschädigung durch die Gase constatiren.

Eine weitere Lampe construirte Tollens.[3]) Dieselbe

---

[1]) C. r. 119, 563; B. 28, Ref. 655.
[2]) Ann. Inst. Past. 10, 283.
[3]) B. 28, 261.

stellt eine gewöhnliche Spirituslampe dar, über deren wenig hervorragendem Docht eine aus feinem Platindrahtnetz zusammengebogene, 2 Centimeter hohe und 1 Centimeter weite Haube gestülpt ist.

Fig. 3.

Fig. 4.

Barthel'sche Lampe.

Die Lampe wird entzündet und, wenn das Platindrahtnetz glüht, ausgelöscht, worauf die Aldehydentwicklung beginnt.

Dieudonné[1]) hat zuerst Versuche damit ausgeführt, hält jedoch die Krell'sche Lampe, eine nach System Barthel

---

[1]) Arb. aus d. Kais. Ges.-Amte 11, 534.

5*

(siehe w. u.) hergestellte Löthlampe für besser, weil dieselbe leichter regulirbar ist.

Bei Verwendung von 320·0 Methylalkohol vermochte er nach 24 stündiger Einwirkung sämmtliche in einem Raume vorhandenen pathogenen Bakterien zu tödten. Gleich günstige Resultate mit derselben Lampe erzielt Pfuhl[1]) besonders bei Desinfection von tuberculösem Auswurf. Für ein Kranken= zimmer von 74 Cubikmeter Rauminhalt sind nach ihm 9 Lampen zu 200 Cubikcentimeter Inhalt erforderlich.

Die dritte Lampe ist die Barthel'sche,[2]) deren Princip kurz folgendes ist: Aus einer Lampe wird durch einen ge= wöhnlichen Docht Methylalkohol in ein Rohr gesaugt und dort verdampft. Von hier als Dampf unter gleichzeitigem Mitreißen von Luft aus zwei an diesem Rohre angebrachten Oeffnungen ausströmend entweicht das Alkohol=Luftgemisch nach dem Entzünden unter Zischen als gasförmiger Formaldehyd. 10·0 Methylalkohol genügen auf 1 Cubikmeter Raum nach 24 stündiger Einwirkung zur Abtödtung aller Krankheits= keime.

Ueber die Widerstandsfähigkeit der Bakterien gegen gas= förmigen Formaldehyd schreibt Schepilewski,[3]) daß feuchte Bakterien widerstandsfähiger seien als trockene, während Bosc[4]) beide gleich gut abtödtet, wenn nur die betreffenden Gegenstände möglichst freiliegend ausgebreitet sind.

2. In einer Abhandlung über Theorie und Praxis der Formaldehyddesinfection erwähnen Rubner und Peeren= boom,[5]) daß dieselbe auf einer Aufnahme der betreffenden

[1]) Z. Hyg. 22, 339.
[2]) Apoth. Ztg. 11, 395.
[3]) Journ. ochranenija naroduawo sdrawija 1895, 1042.
[4]) Ann. Inst. Past. 10, 283. Ch. Ztg. 20, 49.
[5]) H. R. 9, 265.

Verbindungen durch feste Körper unter theilweiser Conden=
sation beruhe. Hierbei spiele die Feuchtigkeit der Luft eine
große Rolle, ein Optimum wirke günstig, ein darüber hinaus=
gehender Wassergehalt schade eher.
Diese günstige Bedingung erfüllt auf
sehr einfache Weise der von der chemi=
schen Fabrik Seelze, Hannover,
in den Handel gebrachte Luft=
reinigungsapparat „Sanator".
Derselbe besteht im Wesentlichen
aus einem porösen Cylinder, der
in einen Flüssigkeitsbehälter ein=
gestellt wird, in dem sich Formal=
dehyd „Marke Seelze" befindet.
Ein übergestülpter Blechmantel
dient zur Regulirung der Des=
infectionswirkung. Damit gelingt
es leicht, in jedem beliebigen
Raume eine wasserdampfhaltige
Formaldehydatmosphäre herzu=
stellen und so Krankheitskeime
fernzuhalten.

Fig. 5.

Sanator.

    Wenn nun auch Hans Strehl[1]
in seinen Versuchen mit dampf=
förmigem Formalin negative Re=
sultate erhält, sind diese nur auf
die geringe Penetrationskraft der Gase zurückzuführen. Formal=
dehydgas ist eben einzig und allein ein Oberflächendesinfections=
mittel und muß deshalb vortheilhaft zwecks gründlicher Des=
infection mit strömendem Wasserdampf allseitig im Raume

---

[1] C. f. Bakt., 19, Abth. I, 785.

vertheilt werden, wie dies deutlich aus den guten Resultaten hervorgeht, die Professor Flügge in Breslau,[1]) mit einem eigens hierzu construirten Apparat erzielt hat. Derselbe verdampft Formalin bei gleichzeitiger Sättigung der Luft mit Wasserdampf. 250·0 Formalin genügen für einen Raum von 100 Cubikmeter bei siebenstündiger Einwirkung.

Eine volle Bestätigung hiefür finden wir in den Arbeiten von M. v. Brunn,[2]) welcher verdünnte Formalin= lösungen zur Verdampfung bringt, deren raschere Wirkung Romijin[3]) durch Zusatz von verdünnter Schwefelsäure noch zu unterstützen sucht.

Schlechte Erfolge mit dieser sogenannten Breslauer Methode hat Nowak,[4]) der nur 28 Procent der ausgesäeten Keime tödten konnte, was jedoch wohl auf ungünstige Versuchs= bedingungen zurückzuführen ist.

Zur Ausführung dieser Methode bringt nach L. Ehren= burg's Angaben die chemische Fabrik „Seelze, Hannover" einen einfachen Apparat in den Handel, der so construirt ist, daß durch eine erhitzte Formalinlösung Wasserdämpfe durchströmen, wodurch eine Polymerisation verhindert und der Formaldehyd in vollkommen reinem und deshalb bakteriologisch sehr activen Zustand zur Wirkung kommt.

3. Zum gleichen Zwecke, um eine Polymerisation aus= zuschließen, wird dem Formalin Chlorcalcium zugesetzt, und eine Mischung von 36 bis 40 Procent Formalin, 150·0 Chlor= calcium in 1 Liter Wasser gelöst als sogenanntes Formochlorol empfohlen. Pfuhl[5]) hat damit Versuche angestellt und dasselbe

---

[1]) Z. Hyg. 29, 276.
[2]) Z. Hyg. 30, 201.
[3]) Niederl. Tijdschr. Pharm. 11, 73.
[4]) H. R. 9, 913.
[5]) Z. Hyg. 24, 289.

zur Desinfection von Wänden, Fußböden, Bettstellen, Tischen, Stühlen sehr zweckdienlich befunden, während er bei Kleidern, Betten, Matratzen Wasserdampf vorzieht. Auch Heß[1]) be-

Fig. 6.

Ehrenburg'scher Apparat.

stätigt die günstigen Wirkungen des Formochlorols. Mit 1 Liter vermag er in einem Raume von 200 Quadrat= meter in 20 Stunden eine vollständige Oberflächendesin=

---

[1]) Dissert. Marburg, 1898, Hyg. Inst.

fection zu erreichen. Dunbar und Muscholb[1]) versuchten damit Haare und Borsten zu desinficiren, indem sie das Gas unter vermindertem Druck einwirken ließen. Sie fanden, daß Roßhaarpackete von 20 Centimeter Durchmesser nicht zu desinficiren waren, während bei chinesischen Borsten, die bei einem Durchmesser von 5 Centimeter in einzelnen Packeten lagen, und bei Borstenbündel von 10 Centimeter Durchmesser eine gute Desinfectionswirkung erreicht wurde.

4. Davon ausgehend, daß bei der Versprühung eines Gases im Raume dasselbe sich zu einem gewissen Theile von den Wassertheilchen entbindet und so selbständig als Gas den Raum erfüllt, kamen Walter und Schloßmann[2])[3]) auf den Gedanken, ein Mittel zu suchen, daß diese Trennung verhindert, so daß der Verdunstungsnebel die gleiche procentische Zusammensetzung besitzt wie die ursprüngliche Lösung.

Dieses Mittel wurde in Form des Glycerins von ihnen gefunden, und verwenden dieselben eine Mischung von 30 Procent Formaldehyd, 10 Procent Glycerin und 60 Procent Wasser als sogenanntes Glykoformal. Die Verdampfung geschieht im sogenannten Lingner'schen Apparat, dessen Princip das gleiche ist wie das des Ehrenburg'schen, und gestattet derselbe, das Wasserdampfglykoformalgemisch unter Druck zerstäuben zu können. Abgesehen davon, daß die Penetrationskraft begrenzt ist, erzielen Verfasser sehr günstige Resultate, wie dies auch Kausch[4]) bestätigt, indem er die Vorzüge der Methode in Folgendem zusammenfaßt:

1. Die Desinfectionswirkung ist eine sichere, 2. der Versuch dauert kurze Zeit, 3. ist billig, 4. man braucht

---

1) Z. Hyg. 29, 276.
2) J. pr. Ch. (2) 57, 512.
3) Pharm. C. 39, 633.
4) Pharm. C. 39, 633. Sept. Abdr.

dabei keine Fenster und Thüren luftdicht zu schließen, 5. er
ist gefahrlos und 6. äußerst einfach.

Auch Elsner und Spiering[1]) sind voll des Lobes
von dieser Methode, der sie in jeder Weise den Vorzug
geben, und erwähnen dieselben nur den einzigen Mißstand,
daß die Gegenstände in Folge der Anwendung von Glycerin
sich klebrig anfühlen und daß auch der Geruch schwerer
wegzuschaffen ist.

5. Mit einer Mischung von 35 Procent Formaldehyd in
Methylalkohol unter Zugabe von 5 Procent Menthol, dem so=
genannten Rosenberg'schen Holzinol, macht Kurt Walter[2])
Versuche, ohne jedoch damit richtige Desinfectionswirkungen
zu erzielen, und hält derselbe strömenden Formaldehyd stets
für geeigneter zur Desinfection von Uniformen, Kleidern ꝛc.

6. Als praktischen Ersatz des flüssigen Formalins wird
von der chemischen Fabrik auf Actien E. Schering, Berlin,
das feste nicht giftige Polymerisationsproduct des Formal=
dehyds, das Paraform oder Triorymethylen in Pastillen=
form in den Handel gebracht. In eigens hierzu construirten
Lampen — Hygiea und Aesculap — werden diese Pastillen
verdampft, und entfalten dieselben, mit Spiritusdämpfen
gemischt und so mit genügend Wasserdampf versehen, eine
gute desinficirende Wirkung.[3])

Ein neuer, von den Fabriken eingeführter Desinfections=
apparat „Combinirter Aesculap" gestattet, wie der Flügge=
sche, ebenfalls eine gleichzeitige Wasserdampfentwickelung. Der
Apparat ist ringförmig mit einem Wasserkessel umgeben, der
durch eine besondere Heizvorrichtung erhitzt wird und vier

---

[1]) D. med. W. 24.
[2]) Z. Hyg. 26, 454.
[3]) D. med. Z. 1899, 477.

Düsen zur Ausströmung des Wasserdampfes trägt. Nach Angabe der Fabrik genügen 250 Pastillen = 250 Gramm Formaldehyd zur Desinfection eines Zimmers von 100 Cubikmeter.

Aronson[1]) berichtet darüber, daß er bei Verwendung von 1 bis 2 Gramm Formaldehyd für 1 Cubikmeter eine genügende Oberflächendesinfection erreicht habe. Auch Otto Witt[2]) giebt an, daß bei Anwendung von 40 Pastillen

Fig. 9.

Fig. 7.

Fig. 8.

Hygiea.   Combinirter Aesculap.   Aesculap.

eine gründliche Desinfection eines Krankenzimmers erreicht werde.

Nach Robert,[3]) der dieser Methode den Vorzug giebt, werden bei Anwendung 1½ bis 2 Pastillen pro 1 Cubikmeter Raum nach 36 Stunden Tuberkelbacillen, Diphtherie, Streptococc. pyogen., Staphylococc. pyog. aur.; Staphylococc. citreus, albus; Bact. coli und Rosahefe sicher

---

[1]) Z. Hyg. 25, 168.
[2]) Prometh. Nr. 429, Jahrg. 1898.
[3]) Nach Prospect von Schering, Berlin.

getödtet. Etwas ungünstiger beurtheilen Elsner und Spiering[1]) diese Methode, die mit der Walter=Schloß=mann'schen nicht zu vergleichen sei.

7. Eine weitere praktische Neuerung hat Max Elb, Dresden, mit seinem „Carboformal Glühblock=Krell" einge=führt. Derselbe besteht nach der Beschreibung von Karl

Fig. 10.

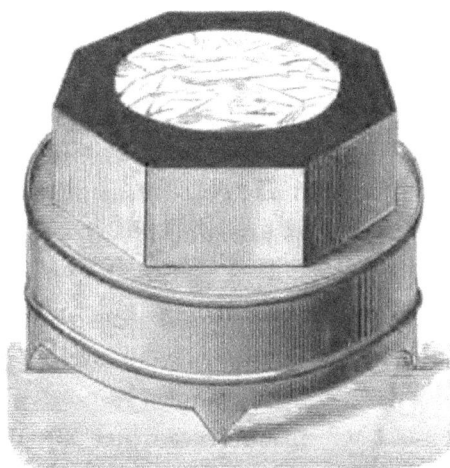

Carboformal=Glühblock.

Enoch[2]) aus Paraformaldehyd, welches in einer Kohlen-hülse eingeschlossen ist. Nach einmaligem Anglühen glimmt derselbe ruhig weiter und genügt diese Hitze vollkommen, um das Paraformaldehyd in Gas zu verwandeln. Die Luft in dem zu desinficirenden Raume muß genügend feucht ge=halten werden, und erreicht dies der Verfasser durch Aus=gießen eines Eimers Wasser in dem Raume. 1 Gramm

[1]) D. meb. W. 24.
[2]) H. R. 9, 1274.

Formaldehyd pro 1 Cubikmeter genügten zur gründlichen Abtödtung von Typhus, Diphtherie, Cholera, Colibacillen und
Staphylococcen, und ist bei der großen Billigkeit und Ein-
fachheit des Verfahrens nach Kluczenko's[1] Ansicht dasselbe noch weiter zu überprüfen und auszuarbeiten.

　In Berücksichtigung dieser verschiedenen Beobachtungen möchten wir zur gründlichen Oberflächendesinfection
von Wohnungen eine im Reichsgesetzblatt 1900 Nr. 46
angegebene Desinfectionsanweisung, wie solche bei Pest ausgeführt wird, der Praxis empfehlen:

　Vorgängiger, allseitig dichter Abschluß des zu desinficirenden Raumes durch Verklebung, Verkittung aller Un-
dichtheiten der Fenster und Thüren, der Ventilationsöffnungen
u. dgl., entwickeln von Formaldehyd in einem Mengenverhältnisse von wenigstens 5 Gramm auf 1 Cubikmeter
Luftraum, gleichzeitige Entwickelung von Wasserdampf bis
zu einer vollständigen Sättigung der Luft (auf 100 Cubikmeter
Raum sind 3 Liter Wasser zu verdampfen). Wenigstens
7 Stunden andauerndes, ununterbrochenes Verschlossenbleiben
des mit Formaldehyd und Wasserdampf erfüllten Raumes;
diese Zeit kann bei Entwickelung doppelt großer Mengen
Formaldehyd auf die Hälfte verkürzt werden.

　Als Desinfectionsapparate dürften der Lingner'sche
oder Ehrenburg'sche Apparat, auch der Schering'sche
„Combinirte Aesculap" anzuwenden sein; ebenso verdient
der Krell'sche Carboformal-Glühblock Beachtung. Zur
Beseitigung des den Räumen anhaftenden Geruches empfiehlt es sich nach vollendeter Desinfection Ammoniakgas
zu verdampfen, das am besten aus 25procentigem Salmiakgeist entwickelt wird. Für 1 Quadratmeter Raum genügen

---

[1] W. med. W. 1900, Nr. 41.

nach Kluczenko[1]) 8 Cubikcentimeter desselben. Nach Peeren-
boom[2]) kann als Ammoniakquelle auch käufliches Hirschhornsalz verwendet werden, für 100 Gramm Formaldehyd oder
100 Pastillen Schering oder 250 Gramm Formalin genügen
126 Gramm Hirschhornsalz.

Besonders geeignet erweist sich die Formaldehyddesinfection nach Kluczenko[1]) bei Diphtherie, Scharlach, Masern,
Blattern, Flecktyphus, Influenza, Pest, Varicellen und Tuberculose. Bei Cholera, Unterleibstyphus und Ruhr soll eine
Dampfdesinfection vorzuziehen sein.

Formaldehyd als Desodorans.

Formaldehyd ist ein ausgezeichnetes Mittel, um den
fauligen Geruch zersetzter organischer Stoffe zu beseitigen,
da es sich bekanntlich mit Schwefelwasserstoff unter Bildung
von Thioformaldehyd, sowie mit Ammoniak zu Hexamethylentetramin verbindet. Auch für die Geruchlosmachung von
Aborten ist Formaldehyd nur zu empfehlen. Man kann zu
diesem Zwecke[3]) sich der im Handel befindlichen, mit Formaldehydlösung getränkten Gipsplatten bedienen, welche sich in
der Weise herstellen lassen, indem man Gipsbrei in eine
Papierkapsel gießt und auf die erhärtete Platte so viel Formaldehydlösung gießt, als dieselbe aufzusaugen vermag. Der
chemischen Fabrik Dr. H. Nördlinger in Flörsheim bei
Frankfurt a. M. ist ein Verfahren zur Herstellung derartiger
Gipsmassen verliehen worden, welches darin besteht, daß
man z. B. 5 Theile Gips mit 2 Theilen wässeriger Formal-

[1]) W. meb. W. 1900, Nr. 41.
[2]) H. R. 8, 769.
[3]) Pharm. C. 1900, Nr. 34, S. 506. Vgl. Otto Witt, C. B.
1898, I, 580.

dehydlösung anrührt und erhärten läßt. Diese Masse ent=
wickelt schon bei gewöhnlicher Temperatur Formaldehyd
und ist deren Anwendung dann angezeigt, wenn ein lang=
sames Entwickeln von Formaldehyd einem zu raschen Ver=
dunsten vorzuziehen ist.

Formaldehydlösungen und Formaldehydgips lassen sich
zu Desodorirung und Desinfection der Röhren und der
Closets benützen. Will man Räumlichkeiten rasch von üblen
Gerüchen befreien, so empfiehlt sich die Anwendung einer
der im vorigen Capitel beschriebenen Formaldehydlampen
oder der sogenannten Glühblocks von Krell=Elb (s. S. 75).

Zur Geruchlosmachung von Leichentheilen, welche che-
misch untersucht werden sollen, darf Formaldehyd nicht ver=
wendet werden, da sich aus Formaldehyd und Ammoniak,
sowie anderen Basen Körper bilden, welche zu Verwechs=
lungen mit den Alkaloïden Veranlassung geben können. Ist
aber die Prüfung auf Alkaloïde vorüber, und handelt es sich
nur noch um die Auffuchung anorganischer Gifte, so können
diese Antheile durch Formaldehydlösung rasch geruchlos ge=
macht werden.

Die Anwendung des Formaldehyds in der Histologie.

Hauser[1] verwendet Formaldehyd zur Conservirung
von Bakterienculturen, indem er dieselben den Formaldehyd=
dämpfen aussetzt. Er beobachtete dabei zunächst Entwickelungs=
hemmung, dann Abtödtung der Culturen, dabei die wichtige
Thatsache, daß, obgleich eine Abtödtung des Bakterienmateriales
erfolgt, der Eindruck, den die Cultur dem Auge gewährt,
völlig erhalten bleibt, ferner die nicht minder wichtige That=

---

[1] M. med. W. 93, Nr. 30.

sache, daß die Gelatine, welche durch Bakterienwachsthum
verflüssigt wurde, unter dem Einflusse von den Dämpfen des
Formaldehyds wieder vollständig fest wird.

Zur Conservirung mikroskopischer Präparate härtet
Hauser[1]) zunächst die Culturplatte, dann umschneidet er
die zu conservirende Stelle mit einem Messer, löst dieselbe
vom Glase ab, legt sie auf das Objectglas, behandelt sie mit
geschmolzener Gelatine, und bedeckt sie mit einem Deckglas.
Hierauf stellt Hauser das Präparat 24 Stunden in die
Formalinkammer, wo die Gelatine erstarrt und unlöslich
wird. Zum Schlusse wird das Präparat durch einen Lack-
rahmen vor dem Eintrocknen geschützt.

---

[1]) M. med. W. 93, Nr. 35.

Anhang.

Auszug aus der Patentliteratur.

Nr. 4026. Verfahren zur Darstellung von Methylenbiaminen. Eschweiler, Hannover.

„ 10932. Verfahren zur Darstellung einer Base aus p. Phenetibin und Formaldehyd. Dr. Goldschmidt, Frankfurt.

„ 11488. Verfahren zur Darstellung von neuen Condensations=producten aus Formaldehyd und primären aromatischen Aminen. Kinzlberger & Cie., Prag.

„ 49970. Verfahren zur Darstellung beizenfärbender Triphenyl=methanfarbstoffe. Geigy & Cie., Basel.

„ 51407. Verwendung des Formaldehyds und seiner Verbindungen zur Herstellung lichtempfindlicher Schichten und photo=graphischer Entwickler. Schwartz & Merklin, Hannover.

„ 52324. Verfahren zur Herstellung eines gelben Acridinfarbstoffes aus Formaldehyd und m-Toluylenbiamin. Leonhardt & Cie., Mühlheim.

„ 53937.
„ 55565.
„ 61146. } Verfahren zur Darstellung von Diamidobiphenylmethan. Meister Lucius und Brünig, Höchst.

„ 55176. Darstellung von Formaldehyd. Auguste Trillat, über=tragen auf Meister Lucius und Brünig.

„ 57621. Verfahren zur Darstellung von Chlormethylalkohol und Oxychlormethyläther. Merklin & Lösekann, Hannover.

„ 58955. (59003 u. Zus. Pat. Nr. 63081.) Verfahren zur Dar=stellung Tetraalkylbiamidobioxydiphenylmethan. Leon=hardt & Cie., Mühlheim.

Nr. 59176. Verfahren zur Darstellung eines Orange=Farbstoffes der Acridinreihe. Leonhardt & Co., Mühlheim a. M.

„ 59811. Verfahren zur Darstellung von Disulfosäuren violetter Farbstoffe aus Diäthyldibenzylbiamidobiphenylmethan= bisulfosäure. Geigy & Cie., Basel.

„ 66737. Verfahren zur Darstellung einer neuen Base durch Condensation von Tolidin mit Formaldehyd. Durand, Huguenin & Cie., Hüningen.

„ 67001. Verfahren zur Darstellung von Dinitrodiphenylmethan und dessen Homologe. Bayer & Cie., Elberfeld.

„ 67013. Verfahren zur Darstellung von Triphenyl(p)rosanilin. Bayer & Cie., Elberfeld.

„ 76072. Verfahren zur Darstellung von trisulfonsäurealkylirten Triphenylpararosanilinfarbstoffen. Geigy & Cie., Basel.

„ 80216. Verfahren zur Darstellung von Methylenacetessigester. Anilinölfabrik Wülfing, Elberfeld.

„ 80520. Verfahren zur Darstellung methylirter Diamine. Dr. Esch= weiler, Hannover.

„ 84379. Verfahren zur Darstellung von Diamido(a_2 a_2)binaphtyl= methan(β_2 β_2)bisulfosäure. Meister, Lucius und Brünig, Höchst.

„ 84988. Verfahren zur Darstellung von Diäthylbiamidobioxybi= tolylmethan. Farbwerk Mühlheim a. M., Leonhardt & Cie.

„ 85588. Verfahren zur Darstellung von Phenolalkoholen aus Phenol und Formaldehyd. Bayer & Cie., Elber= feld.

„ 86449. Verfahren zur Darstellung einer Verbindung aus Aloïn und Formaldehyd. Merck, Darmstadt.

„ 87099. Verfahren zur Darstellung eines Wismuthsalzes des Condensationsproductes von Gallussäure mit Formal= dehyd. Merck, Darmstadt.

„ 87335. Verfahren zur Einführung von Methylsulfonsäuregruppen in aromatische Phenole. Bayer & Cie., Elberfeld.

„ 87615. Verfahren zur Trennung von Gemengen primärer aro= matischer Basen mit Formaldehyd. Meister, Lucius und Brünig, Höchst.

Nr. 87972. Verfahren zur Darstellung von Condensationsprobucten aus Formaldehyd und aromatischen Hydroxylaminen. Kalle & Cie., Biebrich.

„ 88082.}
„ 88224.} Verfahren zur Darstellung eines Condensationsprobuctes aus Tannin, beziehungsweise Gerbsäure und Formaldehyd.
„ 88841.} Merck, Darmstadt.

„ 88114.· Verfahren zum Wasserdichtmachen von Geweben, Fasern, Papier. Schering, Berlin.

„ 89963. Verfahren zur Darstellung eines Condensationsprobuctes von Cobeïn mit Formaldehyd. Meister, Lucius und Brünig, Höchst.

„ 89979. Verfahren zur Ueberführung von Phenolen, Naphtolen, Dioxynaphtalinen in neue Probucte, welche an Stelle

der OH-Gruppe den Atomcomplex $O\ CH_2\ N{<}^r_r$ enthalten.

Bayer & Cie., Elberfeld.

„ 90207. Verfahren zur Darstellung eines Condensationsprobuctes von Morphin und Formaldehyd. Meister, Lucius und Brünig, Höchst.

„ 91396. Verfahren und Apparat zur Erzeugung von Formal=dehyd. Société anonyme de l'institut Raoul Pictet.

„ 91505. Verfahren zur Herstellung von in heißem Wasser schwer löslichen oder sehr schwer löslichen Gelatineplatten oder Folien und von photographischen Trockenplatten mit Formaldehyd. Schering, Berlin.

„ 91712. Verfahren zur Verhütung der Polymerisation des Formal=dehyd. Société chimique des usines du Rhône.

„ 92252. Verfahren zur Darstellung von Verbindungen von Stärke und Gummiarten mit Formaldehyd. Dr. Classen, Aachen.

„ 93111. Verfahren zur Herstellung von Estern der in obigem Patente beschriebenen Verbindungen. Dr. Classen, Aachen.

„ 93540. Verfahren zur Darstellung von Parafuchsin und Fuchsin mittelst p. Amidobenzylalkohol. Kalle & Cie., Biebrich.

„ 93593. Verfahren zur Darstellung eines Condensationsprobuctes von Tannin mit Formaldehyd. Merck, Darmstadt.

„ 94282. Verfahren zur Darstellung von Jodprobucten ·der Stärke und stärkeähnlicher Substanzen mit Formaldehyd. Dr. Classen, Aachen.

Nr. 94403. Brenner für Formaldehydlampen. Felix Richard, Brüssel.

„ 94855. Verfahren zur Darstellung safraninartiger Farbstoffe. Meister, Lucius und Brüning, Höchst.

„ 94942. Verfahren zur Darstellung substantiver Diazofarbstoffe aus den Condensationsproducten von Formaldehyd mit Benzidin, Tolidin, Dianisidin.

„ 95080. Vorrichtung zur Conservirung von Leichen, Desinfection von Kleidern und Räucherung von Nahrungsmitteln mit Formaldehyd. François de Rechter und G. de Rechter.

„ 95270. Vorrichtung zur Darstellung von in heißem Wasser un= löslichen oder schwer löslichen Gelatineplatten oder =Folien. Schering, Berlin.

„ 95465. Verfahren zum Sterilisiren von Jodoform mit Para= formaldehyd. Schering, Berlin.

„ 96290. Desinfectionslampe zur Bildung von Formaldehyd. Auguste Trillat, Paris.

„ 96500. Verfahren und Vorrichtung zur Desinfection mittelst eines unter Druck stehenden, aus Methylalkohol erzeugten Gas= oder Dampfstromes. Krell.

„ 97103. Darstellung eines geruchlosen Desinfectionsmittels aus Harnstoff und Formaldehyd.
Dr. Carl Goldschmidt, Frankfurt.

„ 99080. Verfahren zur Desinfection mit polymerem Formaldehyd. Krell & Max Elb, Dresden.

„ 99312. Verfahren zur Darstellung von Condensationsproducten der Reductionsproducte aromatischer Nitrokörper mit Formaldehyd. Walter Löb.

„ 99509. Verfahren zum Unlöslichmachen von Albumin und albuminartiger Substanzen mit Formaldehyd. Schering, Berlin.

„ 99570. Verfahren zur Darstellung unlöslicher Formaldehydver= bindungen aus Phenolen, beziehungsweise Naphtolen, Formaldehyd und Ammoniak. Arthur Speier.

„ 99610. Verfahren zur Darstellung von Jodthymolformaldehyd. Henning, Berlin.

„ 100241. (96671), 102074, 104236, 107243 und 244. Verfahren und Apparate zur Desinfection mit Formaldehyd. Schering, Berlin.

6*

Nr. 101191. Verfahren zur Darstellung eines schwefelfreien Conden=
sationsproductes aus Phenolsulfosäuren und Formal=
dehyd. Dr. Karl Goldschmidt.

„ 101192. Apparat zur Desinfection mit Formaldehyd. W. Lö=
binger, Berlin.

„ 101639. Desinfectionsverfahren und Apparat zu dessen Aus=
führung. Eugène Fournier, Paris.

„ 104365. Verfahren zur Herstellung in Wasser unlöslicher Gelatine=
körper. Schering, Berlin.

„ 104624. Darstellung von Oxymethylphtalimid. Dr. Sachs.

„ 104748. Darstellung von Naphtacridinfarbstoffen. Dr. Ullmann,
Genf.

„ 105798. Darstellung von Oxyaldehyden. Geigy, Basel.

„ 105841. Verfahren zur Erzeugung von Formaldehyd. Frédéric
Séban und Fraissinet.

„ 106495. Verfahren zur Darstellung von Aldehyden, insbesondere
Formaldehyd durch Oxydation der entsprechenden Alko=
hole mit Luft unter Vermittlung einer Contactmasse.
Max Klar und C. Schulze.

„ 106726. Desinfectionsverfahren. Reinhold Walter.

„ 106958. Verfahren zum Beschweren von Seide oder anderen
Fasern mit Eiweißkörpern und Formaldehyd. Schering,
Berlin.

„ 120318. Verfahren zur Darstellung einer einheitlichen luft=
beständigen Verbindung von Formaldehyd und Indigo=
weiß.
Badische Anilin= und Sodafabrik. Ludwigshafen a. Rh.

Arzneimittel.

a) Chemisch-pharmaceutische Präparate.

Nr.	Name	Darstellung	Anwendung
1	Aloïnformal-Formalaloïn	Condensation von Aloïn mit Formaldehyd	In der Wundbehandlung
2	Amyloform	Verbindung v. Formaldehyd mit Stärke	In der Wundbehandlung
3	Amylojodoform . .	Verbindung v. Formaldehyd mit Stärke u. Jod	In der Wundbehandlung
4	Bismal	Wismuthsalz d. Methylendigallussäure (Formaldehyd + Gallussäure)	Darmabstringens
5	Collaform	Pulverige Formaldehydgelatine	In der Wundbehandlung
6	Dextroform	Einwirkung v. Formaldehyd auf Dextrin	In der Wundbehandlung
7	Diborneolformal .	Darstellung aus Borneol und Formaldehyd	In der Wundbehandlung
8	Dimentholformal .	Darstellung aus Menthol und Formaldehyd	In der Wundbehandlung

Nr.	Name	Darstellung	Anwendung
9	Formaldehyd-Caseïn	Einwirkung v. Formaldehyd auf Caseïn	In der Wundbehandlung
10	Formaldehydkaliummetabisulfit . . .	Eindampfen v. Kaliummetabisulfit m. Formaldehyd	Antisepticum
11	Formaldehydtanninalbuminat . . .	Einwirkung v. Tannin, Eiweiß u. Formaldehyd	Darmantisepticum
12	Formopyrin-Methylenbiantipyrin . .	Einwirkung von 2 Molekülen Antipyrin auf 1 Molekül Formaldehyd	
13	Glutol-Glutoform .	Einwirkung v. Formaldehyd auf Gelatine	Antiseptisches Streupulver
14	Geoform	Condensationsproduct v. Guajakol m. Formaldehyd	
15	Jodothymoform . .	Jodirtes Thymoform	Zum Imprägniren v. Verbandstoffen
16	Kreoform	Condensationsproduct v. Kreosot mit Formaldehyd	
17	Naphtoformin . .	Verbindung v. Naphtol, Formaldehyd und Ammoniak	Jodoformersatz
18	Ovoprotogen . . .	Durch Erhitzen v. Hühnereiweiß m. Formaldehyd	Als Zusatz zur Milch u. zur subcutanen Ernähr.

Nr.	Name	Darstellung	Anwendung
19	Oxymethylphtalimid D. R. P. Nr. 104621.	Durch Erhitzen v. Phtalimid mit Formaldehyd	Wundantisepticum
20	Paraform.(Triformol, Trioxymethylen) .	Polymerisationsproduct des Formaldehyds	Darmantisepticum und zu Verbandzwecken
21	Polyformin . . .	Verbindung von Resorcin, Formaldehyd und Ammoniak	Jodoformersatz
22	Protogene	Einwirkung v. Formaldehyd auf Eiweißlösungen oder Serum (Gerinnen nicht beim Erhitzen).	Nahrungsmittel in der Kinderpraxis und zur subcutanen Ernährung
23	Salubrol(Tetrabrommethylenbiantipyrin)	Durch Bromirung des Formopyrins	Jodoformersatz
24	Tannoform	Condensationsproduct von Tannin mit Formaldehyd	Innerlich gegen Darmkatarrh; äußerlich gegen Fußschweiß
25	Tanno=Guajaform .	Verbindung v. Tannin, Guajakol u. Formaldehyd	Gegen Tuberculose und als Darmantisepticum
26	Tanno=Kreosoform	Verbindung v. Tannin, Kreosot u. Formaldehyd	
27	Thymoform . .	Verbindung aus Thymol und Formaldehyd	Jodoformersatz

b) Handverkaufsartikel.

Nr.	Name	Bestandtheile	Verwendung
1	Bonal	Eine Mischung v. For=maldehyd, Natriumsul=fit, Chlornatrium, Na=triumphosphat, Milch=zucker und Wasser	Conservirungs=mittel
2	Desodor	Pfefferminzölhaltige Formaldehydlösung	Mundessenz
3	Euformol	Menthol, Thymol, Wintergreenöl, Euca=lyptusöl, Formaldehyd, Borsäure und Extr. Baptis. tinct.	(Amerikanische Specialität)
4	Formagen	Nelkenöl, Kreosot, Phe=nol und alkoholische Formaldehydlösung	Mit einem gelb=lich=weißen, cementartig er=härtenden Pul=ver zusammen als Füllmittel für cariöse Zähne
5	Formalinsalbe . .	Adeps lanae 20·0, Vase=line 10·0, Formaldehyd sol. 10·0 bis 20·0	Gegen über=mäßige Schweiß=bildung
6	Formalinseife v. Dr. Unna . . . . . Alkoholische Seifen=lösung mit Formal=dehyd = Lysoform.	5procentig und über=fettet	Zur Reinigung der Hände nach Sectionen
7	Formalith[1] . . .	Mit Formalin getränkte Kieselguhr	Zur Desinfection v. Verbandstoffen

[1] Siehe Formatol, Seite 3.

Nr.	Name	Bestandtheile	Verwendung
8	Formoforin . . .	0·1 Thymol, 0·13 For= malbehyd, 34·5 Zink= oxyd und 65·2 Stärke	Fußstreupulver
9	Formoforminfecten= pulver	Borinfectenpulver mit Formalin	Gegen Insecten
10	Formoformpinuseffz.	Formaldehyd mit Ol. Pin. Pumilio u. Pin. sil- vestr.	Gegen Insecten und zur Des= infection
11	Formoformpulver .	Formaldehyd 0·13, Zink= oxyd 34·44, Stärke 65·27, Thymol 1·25	Als Streupulver auf Wunden und gegen Fußschweiß
12	Gelatinekapseln, mit Formaldeh. gehärtet D. R. P. Nr. 85807.		Besitzen die Eigen= schaft, sich erst im Dünndarm z. lösen
13	Holzin . . . . . . Dr. Oppermann	60procentige Lösung von Formaldehyd in Methylalkohol	Zur Desinfection
14	Holzinol . . . . . Dr. Rosenberg	60procentige Lösung von Formaldehyd in Methylalkohol mit Menthol	Zur Desinfection
15	Kosmin	58 Proc. Alkohol, 41 Pr. Wasser, 0·3 Pr. Formal= dehyd, 0·3 Pr. Extr. Myrrh. Ratanh., 0·2 Pr. Saccharin und etwas Pfefferminz= und Gera= niumöl	Mundwasser
16	Paraformcollodium	5procentige Mischung von Paraform mit Collodium	Zur Verätzung kleiner gutartiger Hautgeschwülste

Nr.	Name	Bestandtheile	Verwendung
17	Pulver gegen Fuß= schweiß	Tannoform 0·1, Stärke= mehl 1·0, Talcum 8·0	Fußschweiß= pulver
18	Sanolith	Blechkästchen, die grüne, mit Formaldehyd ge= tränkte Gipstafeln ent= halten	Zum Desodoriren
19	Steriform chlorat. .	5 Proc. Formaldehyd, 10 Pr. Salmiak, 20 Pr. Pepsin, 65 Pr. Milchzucker	Infectionskrank= heiten
20	Steriform. jodat. .	5 Proc. Formaldehyd, 10 Pr. Jodammonium, 20 Pr. Pepsin, 65 Pr. Milchzucker	Wundstreupulver
21	Sterisol	Eine mit Formaldehyd versetzte Milchzucker= lösung	Innerlich gegen Tuberculose, Diphtherie
22	Streupulver . . .	Formalin 1·0, Thymol 0·1, Zinc. oxyd. 35·0, Amylum 65·0	Gegen Fußschweiß
23	Sudol	3 Pr. Formaldehyd mit Wollfett oder Glycerin	Gegen Fußschweiß
24	Tannoformparaffin= emulsion	Tannoform 4·0, Paraff. solid. 5—10, Par. liquid. 90, bezw. 85	Gegen Brandwunden
25	Tannoformseife . .	—	Gegen Schweiß der Hände
26	Wundstäbchen (nach Apoth. Fröhlich, Berlin)	Formaldehyd, Gelatine, Glycerin und Wasser	In der Wund= behandlung

Sachregister.

Namens-Verzeichniß.